辰雪枫 编著

总有一次流泪让我们瞬间长大

There is always a cry that
can let us grow up
in a moment

CS 湖南文艺出版社
HUNAN LITERATURE AND ART PUBLISHING HOUSE 博集天卷
CS-BOOKY

If you shed tears, first wet must be my eyes...

你 若 先 流 泪 ， 湿 的 一 定 是 我 的 眼……

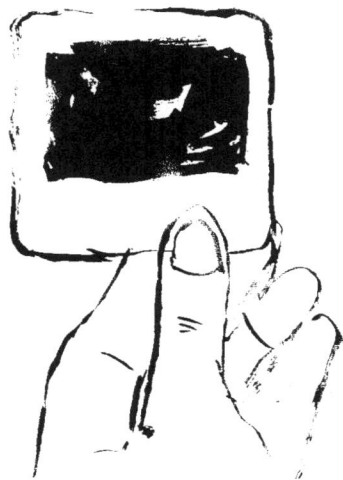

One day NO BITA grew up, he can't hold DORAEMON's hand any more.

Because growing up, we lost too too much...

有一天大雄长大了，哆啦Ａ梦再也牵不到大雄的手了。

因为长大，我们失去了太多太多……

目录　　　　/ Index /　　There is always a cry that can let us grow up in a moment

目录　　／　Index　　／　There is always a cry that can let us grow up in a moment

2月 February

Sunday	Monday	Tuesday	Wednesday	Thursday	Friday	Saturday
					1	2
3	4	5	6	7	8	9
10	11	12	13	14 情人节	15	16
17	18	19	20	21	22	23
24	25	26	27	28		

等你长大了，成熟了，玩累了，玩够了，

不管我在哪在谁的身边，请你认认真真的把我追回来，

好吗？

5月 May

Sunday	Monday	Tuesday	Wednesday	Thursday	Friday	Saturday
			1	2	3	4
5	6	7	8	9	10	11
12 母亲节	13	14	15	16	17	18
19	20	21	22	23	24	25
26	27	28	29	30	31	

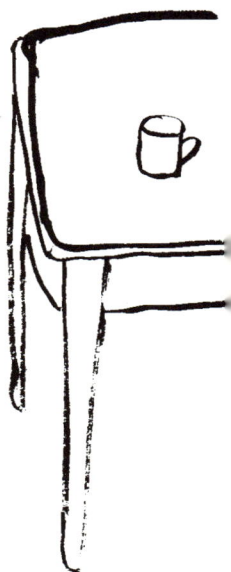

如果我可以不长大，妈妈你可不可以不变老……

6月 June

Sunday	Monday	Tuesday	Wednesday	Thursday	Friday	Saturday
						1 儿童节
2	3	4	5	6	7	8
9	10	11	12	13	14	15
16	17	18	19	20	21	22
23	24	25	26	27	28	29
30						

童年里最遗憾的事情就是，我每天都在长大，

而记忆中的你却永远不会再长大了……

独坐那个季节的街口
聆听着花开花落的声音
感受着夏的烂漫 秋的静美
我会将光阴一寸一寸的收割
酿成隔世苦涩的干红

回眸间的流连是前生的眷恋
一转身的距离此去经年
三生石上的名字
菩提摇曳的树影
还有地老天荒的誓言……

当青藤绕过你荒凉的额
我会是西风中飘飞的落英
抗拒着痛楚的凋零
依然执地站在这个季节的街口
你不来，我不敢老去……

—— 《你不来，我不敢老去》姝燕

一月

January

不是流泪就能挽回失去，

不是所有人都值得你付出，

不是伤心就一定要寻找依靠，

不是善良就可以受到庇佑，

不是任何人都会理解你。

所以，面对生活中偶尔的不如意，我们要学会坚强地微笑。

难过的时候，告诉自己："没事的，一切总会过去。"

失落的时候，笑着对自己说："你不勇敢，没人替你坚强……"

你说最爱我的那几年，
不过如感染一场霍乱

You say all those years you loved me, just as a cholera infection.

"我对死亡感到唯一的痛苦，是没能为爱而死。"

——加西亚·马尔克斯，《霍乱时期的爱情》

1

前几日，又见证了一对情人的分手。我已经不知道他们彼此相爱持续了多久，可能是三年，也可能是更久的一段时间。分手原因也是和自己极其相似的异国之恋，仿佛这种感情在一开始就注定要以一种破灭的形态收场。

爱情是最困难的事，毕竟面对着的是另一个完全无法掌握的个体。爱情是最奇妙的事，有的人是一秒，有的人是一年，有的人会在自己的人生逐渐走向终点时，才对身边的那个人呢喃一句："哦，想不到爱你竟然成了我这一生的宿命。"

太过深情即一桩悲剧，必须以死来句读。初见时不受掌控的心动，后来的执着也许只是因为求之而不得，而最后的放弃是为习惯和顺从。没有什么样的幸福，能比得上让我和岁月一起见证你逐渐老去的容颜。或许我会在你不知晓的幽深角落安静地驻足，倾听时光哗哗流逝的声音，在这一瞬间发现，我们共有的记忆终于长成一棵参天大树。

2

这段时间偶尔能有空闲的时候，我开始读加西亚·马尔克斯的《霍乱时期的爱情》。平心而论，马尔克斯的这部作品并不如《百年孤独》那般能够仅凭一段开头就令人魂坠其中。马尔克斯放弃了自己最擅长的魔幻主义手法，公然选择了"爱情"这一被无数人传唱的老调作为小说中心，还采用19世纪欧洲艳情小说的体裁格式，试图用一脸严肃来告诉我们："世界上没有比爱情更艰难的故事。"

故事的剧情其实用一句话就能概括：一个男人爱一个女人爱了五十三年，才如愿跟她同床共枕，并且他的爱，在其有生之年还将继续下去。

"我等了你五十一年四个月零八天。"花白头发、弓腰驼背的男主角弗洛伦蒂诺站在阳光明媚的客厅里，颤巍巍地开口。和单身母亲生活在一起的这个男人，心思细腻而敏感，五十一年前宿命的一眼是他一生苦痛的开始：费尔米娜，费尔米娜，那一个有着亚麻色长发的迷人少女，从此在他的心中扎下根、长出叶、生出刺、开出花，如此娇艳——也带来无比清晰的伤痕。

"爱情不过是个幻觉。"美丽的女主角费尔米娜总是这样说。某一日在人声鼎沸的集市，蓦然回首再见到年少时疯狂爱慕的面孔，她突然失去了所有感觉。"就是这一刻，我觉得我不再爱你了。"她决然离去，剩下呆立当场的弗洛伦蒂诺，仿佛从天堂直落地狱。这种流逝，这种由时间或者性格造成的流逝，连神也不能挽回的流逝，让那些心心念念以为可以永远的承诺可笑得像个谎言。

那其实只是漫长一生的开始。费尔米娜结婚、怀孕、生子、儿女成群，都是和另一个男人完成的；她的微笑、她的哭泣、她的恼怒、她的娇嗔全部为另一个男人绽放，与弗洛伦蒂诺毫无干系。最快乐的事，就是弗洛伦蒂诺借着镇上公众活动带起拥挤人群的掩饰，远远地、肆无忌惮地欣赏她娇美的容颜；最多最多，在擦身而过的时候，脱下礼帽轻轻说一句：晚上好，乌尔比诺太太。这是在半个世纪的守望里，他唯一还有勇气说出的话。

3

你能理解失去一段爱情的感觉吗?

是清晨将醒未醒那缕梦的惆怅，是黄昏茫然失措那无奈的寂寥，是午夜无法成眠那清醒的阵痛。

小说看到差不多一半的时候，我耐不住性子去看改编的电影。

电影里的南美洲很漂亮，想象中的燠热、闷湿、鲜艳和浓烈全都刻画出来，那正是马尔克斯笔下巫气弥漫的南美洲。令我印象特别深刻的是女主角尖薄的五官，随时随地像一只受了惊的飞鸟。

前四十分钟里，她与男主角之间的爱情也完全像一种孩童的游戏——两人一见钟情之后便开始书信往来，乃至发展到私订终身的地步。那个晚上她又无知又热烈，却还有那么一点点矜持，她答应他的求婚，说："好的，我会嫁给你，只要你答应不逼我吃茄子。"呵呵，真的是初恋，竟然相信自己会与第一个爱上的人结婚，那么草率，但是那么真诚。

之后，果不其然，女子毁弃婚约，在人人自危的霍乱时期，嫁给了一个生活有保障的医生。

在片中，已为人妻的女主角曾说："他不是一个人，他是一个影子。"

五雷轰顶的爱情，真可以令一个人的灵魂出窍，从此远离肉体。

凡遭此劫者，终其一生都只是徒具人形的影子。

影片的结尾部分十分温暖，那时他和她都已是年逾古稀的老人，各自拥有一具垂垂老去的躯体。在寂静的内河航船上，淡薄的夕照里，他们缠绵床榻，享受着迟来了五十年的、抱憾的温柔，船头还特意挂起黑黄旗帜谎报霍乱。

没有什么可以打扰他们，连时间和死亡也不可以。

4

如果人生是不倦的迷宫、一团混乱、一个梦，那么马尔克斯笔下的爱情就是一曲乐音、一声细语、一个象征。

马尔克斯心中的爱情散落在常常吹着猛烈的东南风、在黄昏扬着细雨的南美洲，在随着岁月悄悄流逝却又永恒不灭的布宜诺斯艾利斯。

他的爱情在所遇到的相识或不相识的街巷里，在沉重的黑铁的屏门后面，在一双双随着人事打磨而空洞无神的瞳孔后面。

他的爱情在黎明震颤的瞬间，挣脱普遍而深邃的黑夜，显出没有轮廓的依稀的图像，在白色的天光里看上去反而惊愕又冰冷。

"乌鸦的幽冥"，我想起希伯来人用这样的比喻来称呼傍晚的开始。

在某一个傍晚我遇上了你，我试图走近你，用我所有的黑暗、困惑、失败来打动你，从此颓废的生命里遭遇了忐忑不安的际遇，还在荒凉的爱情里偏偏开出了那妖娆痛楚的花朵。

我滑下你的暮色如厌倦滑下一道斜坡的虔诚，年轻的夜晚像你的一片翅膀。你是我们曾经拥有的布宜诺斯艾利斯，那座随着岁月悄悄溜走的城市。你是我节日中看见水中倒映的星星。

时间中虚掩的门，你的面容朝向更轻柔的往昔。

黎明的光，送出的早晨向你我走来，越过甘甜的褐色海水。在照亮我的百叶窗之前，你低低的日色已赐福于你的花园。那日色被听成了一首诗的城市，拥有照耀你全部光霞的街道。

5

一切的爱情故事里都有生活，有死亡，有清醒，有遗忘，有你我全部的人生。哪一张弓射出我这支迷失的箭？目标又是哪一座没人敢到达的高山之巅？

在人生的漫漫旅途中，我们漫不经心的每一步，都在迈过别人的各各他（传说是古代犹太人的一个刑场）。此时的你就是那些不曾生活在你的时代的人们具体的延续，而别人将是你在尘世的不死。今天所记忆的，就是明天会遗忘的，就是未来无从追忆的。所以，清醒恐怕是另一场梦，梦见自己并未做梦，而睡梦不过是夜夜归来的死亡。

可是，我想知道，你在尘世的生活里是否亲身拥有过一场爱情？你推开黑铁的屏门走进一个房间，有一个好姑娘——她拥有女人特有的宁静与高傲，有胡亚罗斯的深邃，更有聂鲁达的深情。她暂时属于你，在这日显疲倦的人生中。

你们沉默着，身体又如火焰般颤抖。倘若万物都有结局，有节制，有最后和永逝，还有遗忘，谁能告诉我，在这段爱情里，是谁接受了你无意中永恒的告别？

十字路口又向你敞开远方，某一扇门你已经永远关上，某一段路你已永远无法回去，是否还有一个人、一段时光在徒劳地为你等待？

当你用尽了岁月，岁月也用尽了你，你是否还真的认为流逝的时间算不了什么？你是否还记得在你们的爱情之中，曾经有过一个顶点、一次狂喜、一个值得永远铭记的傍晚？

那个闷热的夏天，黄昏里的你低下头，在我的耳后轻轻吐出的话语，仿佛一片悬浮着的、温柔而又悲伤的羽毛。

"多年以后，如果我在一片遥远的旷野眺望，在彼此名字也听不真切的大风里呼唤你，你会不会如约前来？"

我说："会。"

只要你仍记得我的名字。

我给不了你全部，
可我能给你我的全部

I can't give you everything, but I can give you all I have.

1

某富翁找小三之后，便冥思苦想怎样甩掉老婆。他心生一计，花重金请一帅哥写情书给老婆，并附帅照一张。不料老婆收到情书后，将其改掉名字寄给了小三。小三见到帅照欣然赴约，帅哥赴约后也惊艳于小三的美貌，于是小三和帅哥阴差阳错走到了一起。数日后，很久未回家的富翁敲响了家门……

（爱你，忠贞不渝。什么诱惑，我都能抵挡得住。）

2

她在丈夫手机草稿箱发现一条短信：婚纱照是上个月照的，可惜女主角不是你。

她鼻子一酸，质问丈夫。丈夫真诚地笑着说："×××（丈夫前女友）离婚了，我就是安慰一下，没别的意思。"

她闭上眼咬着牙不让眼泪流出来，第二天一大早，她收拾了一下自己，去旅行散心。

住在旅馆里，她上网看了一篇《婚姻是爱情的坟墓》的日志，关于几个女人的一生。

有的女人富有但空虚，有的女人强势却苦了丈夫，有的女人柔弱却还要受有暴力倾向的丈夫的虐待……

她一下子觉得，和她们相比，自己是如此幸福，虽然她眼中揉不得沙子。

她回到家的时候，丈夫一把抱住她哽咽不已：午睡的时候做了个梦，梦见你走了，怎么也找不到你。

（或许他心里真的有那么一小亩田地是属于别人的，但她才是他的整片天空。施肥、浇水、剪枝的任务是她的，那又何必为那一小亩田地计较呢。）

3

刚毕业，他们就已如老夫老妻般平静如死水。

分手后，她恨他恨得咬牙切齿。与此同时，她发现自己怀孕了。

她发誓要把孩子生下来，十年后，领着和他长得一模一样的孩子站在他面前，让他后悔。

结果半年没到，孩子在一次跌倒中没了。她的人生此时已一片凌乱。

同学聚会上不可避免地碰到了他，她感觉得到他还在意她。

她以为他们的故事还没有结束，她期待他遏制不住思念来找她。

尽管她承受了这么多痛苦，但等来的是他要结婚的消息。

很久以后，他告诉她，当时他很想她，只是失去了她的联系方式。

她轻轻地笑，就像不曾听到这句话。

（我们共同认识的人那么多，想找我又有何难。这从来都是为不爱而找的卑劣借口。）

4

她晚上去上自习，冷得直哆嗦。

她给他打电话，让他送件衣服来。

他目不转睛地盯着电脑屏幕上的游戏，拒绝了。

她郁闷、生气，但过两天就好了。

毕竟一件小事不会影响两个人以后。

只是她对他说："我会记住，以后自习一定会带衣服。如果哪天忘记了，即便冷死，也不再会叫你送。"

（有时候女孩儿需要一个男孩儿，就像跳机者需要降落伞。如果此时此刻他不在，那么以后他也不必在了。如果她不再缠着你，那么你觉得，你对于她来说同路人还有多大区别呢？）

5

圣诞节，她买了红红的苹果坐上火车，心里不免激动起来。

她发短信给他："火车每走一秒，我就离你更近一点儿。"

发完这条暧昧的短信，她的脸不禁红了起来，她已经和男朋友一个学期没见面了。

他回短信："我觉得我们不合适，还是分手吧。"她惊呆了，眼泪簌簌地掉下。

火车一阵颠簸，苹果从上面的袋子里蹦蹦跳跳地落下，砸到乘客身上。

她仍然哭着，越哭越克制不住。最苦的还是坐在她边上的男生，男生边捡苹果边挡着上面砸下的苹果。

她红着眼睛对男生说"谢谢"。这个和自己隔着千山万水的男朋友，对她来说真的是可有可无，她苦笑。

她下车前，男生问她要了手机号。开学后，男生偶尔会约她吃饭或者出来玩。

日子过得平静如水。一年过去了，男生发短信说："一起过圣诞吧。"

她忽然就笑了起来。她抬起头，广州12月的阳光，一顾倾城。

（最真实的就是最温暖的，最温暖的就是离你最近的。）

6

她决定去找男友，却发现男友换了公司，换了住的地方。她向男友同事要到地址，决定给男友一个惊喜。

她居然发现那个地址是和自己同一个城区。她看见一个人正在梯子上刷墙，一边放着锅碗瓢盆。

男友回过头说："我想给你一个惊喜，这是付了首付的房子，咱家！"她看着只有50平方米的小房，觉得是那样的温暖。

（人和人之间，到最后，还是相互取暖。这取暖的味道，其实就是爱情的味道。）

7

生日宴会，相谈甚欢，男人问女人："你为什么会选择我？"

女人笑："因为你有钱。"男人沉默。

酒醒后，女人似有所感，连忙问男人："昨晚你是不是问我一个问题？"

男人点头："我问你为什么选择我。"

女人追问："那我是怎么回答的？"

男人笑："你说因为你爱我。"

女人沉默。

8

你曾笑着对我说："我就喜欢看《爱情公寓》，你看她长得多像你。"从那以后，我开始反复地看这部电视剧，感受着你的喜好。

（你说的每句话我都用心倾听，并且反复回味其中的含义，你也许永远都不知道，我是怎样牢记你说的每一个字。）

9

她缠着他说："人家都说毕业就意味着分手，我们毕业了，你会不会也和我分手？"

他笑着说："不会的，我那么爱你。"

她不依不饶："你到底会不会和我分手？"

他无奈地说："毕业还早着呢，以后的事以后再说好吗？"

她不罢休："难道你没想过和我的以后吗？"

他说："当然想过。"

她依旧固执地问："那我们毕业了会不会分手？"

他沉默了良久说："为什么我们就不能好好地爱这四年？"
她顿时觉得自己有些过分了。

他接着说："然后毕业那天分手时，我们爱过的这四年就会感觉刻骨铭心。这样也给我们的人生留下了美好的回忆，不是吗？"

她怔住，开口说："不用等到毕业了，现在就分手。"

（可不可以不要让毕业和分手画等号。）

10

她和他手牵手逛街时，正好被老师撞见。

他迅速甩开她的手，她心里一片冰凉。

分别和老师谈完话后，他对她说："我们不合适。"

她说："哪里不合适？"他答："咱俩成绩差太远，不可能考到同一所大学。"

她本来想咆哮说，难道不在同一所大学就不能相爱，不能在一起了吗？

但自尊心让她说出口的是："对，确实不合适。"

后来她便发愤读书，她发誓要以一个最高傲的姿态站在他所考上的大学里。

然后把他追到手，再狠狠地甩了他。

当她终于和他在同一成绩水平时，她忽然发现自己心里除了他，还有很多新鲜美好的东西。

她选来选去，最终选了一所自己喜欢的学校。

而他选的那所学校，她自始至终都没有看一眼。

（爱情并不是生活的全部。冷漠的爱人，谢谢你曾经看轻我，让我不低头，更勇敢地活。）

11

他看见她在站台上用手语和一个孩子交谈，对她一见钟情。他走过去礼貌地用手语比画着问路，两人相恋在无声世界。其实他会说话，他不顾家人反对要与她结合。求婚时他抱住她说："我爱你！""你会说话？"她清楚地说出这句话。原来，那天她仅仅是给那个聋哑孩子指路。

12

他爱她，于是在那家麦当劳吃了两年的早餐，因为他觉得她早上的微笑是最温暖的。他没有表达他的爱意，因为他的羞涩。一日，他看见一个男人开车送她上班，他心都碎了，他想临别时应该上去跟她说一句除了买东西之外的话："小姐你好，我叫×××，那么早工作辛苦了。"她说："你终于肯跟我说话了。那是我哥。"于是他们相恋了。如果他们都羞涩，再长的红绳也难以绑住两情相悦的人。

13

分手之后，她决定彻底忘掉他，她改变一切与他有关的习惯，不再24小时开着手机，不再去原来一起去的地方，甚至删掉了他的电话号码。几年后，她和朋友网上聊天，打着打着字就哭了，因为，她打"价位"时，输入法默认"家伟"，那是他的名字……原来，当记忆成为默认的习惯时，它终有一天会复发的……

14

母亲爱吃香蕉，但那时香蕉对于内陆的我们还是稀罕物，一年少有吃到的机会。我心中许愿，等我一工作，就给母亲买一大把香蕉。可工作后我没做到——香蕉多了，我要忙的事也多了。再后来，我默默地把香蕉摆在供案上。香蕉坏了，我问母亲为什么不吃，母亲惋惜地说："给你留的，又坏了！"

15

朋友聚会她喝了酒，脸颊微红，抱着手机呢喃细语，幸福甜蜜溢于言表。坐在对面的他眼睛快冒火了，拖着她往外走，大吼："那男的是谁！""你凭什么管我？""就凭我喜欢你行不行！"她被唬住了，手机却不合时宜地响了。他抢过她的手机按下接听键，传来一阵女声："他有反应了没，刚才真是恶心死我了。"

16

她惊醒之后，发现回到熟悉的初中课堂上，扭头便看到了当年同桌的他。来不及说什么，她便想起自己那年严重的昏厥，于是迅速写了张字条给他。她必须告诉他，十年后别为她挡那辆飞驰的车。再度惊醒，已是车祸之后，亲人告诉她，他还是走了。再后来在他的日记里看到这样的话：即使命运改变，爱也无法改变。

17

他爱上位美女，便请作家母亲写封情书，还拿走母亲的婚戒一并献给美女，美女动心了。他和美女完婚后，不愿和母亲住，母亲便忍痛独居。又过一年，美女变心了，他每日寄给她情书，希望能挽回她。这日，门铃响了，他满怀期望地开门，却看到母亲。母亲说："我听说她走了，想回来照顾你。"

18

男孩儿："想要去哪儿玩？"女孩儿："嗯……去咱俩的公园吧！"男孩儿："嗯，走哪边？"女孩儿："嘻嘻，你个小笨蛋！都和你去过多少次了，你还不知道怎么走，小路痴。"男孩儿不再说话，只是听着她的指挥带着她去了他们的公园……有一次男孩儿的朋友问他："我们看你平时都认识路啊，为什么她说你是路痴？"男孩儿只是说了一个很简单的理由："因为那时的她特别可爱！"

19

她纠结不知道和哪个男人结婚。一个爱她胜过爱自己，一个她爱胜过爱自己。想了一夜，她给两人留了一封信后独自旅行去了。一年后她回来，两个男人都结婚了。她默然，答应了新追求她的那个男人的求婚。这个男人并不爱她，而她也不爱他。

（你们给我的爱情经不起时间的考验，我不如不爱。不是我任性，我只是想看看你们能爱我多久。）

20

相亲会上，父亲说："我女儿又漂亮，又会做饭。"她摸摸脸上的疤痕，心想我哪里会做饭了？交往渐渐频繁，她问他以前有喜欢的人吗？"有，她漂亮，会做饭。"她开始学料理，每次他吃了总会说味道真像。后来，她终于生气了："你爱我还是爱她？"他笑道："傻瓜，她……是我母亲。"

（我什么都可以容忍，甚至为你改变自己，可是我不能容忍你把我和别人做比较。）

21

他和她下围棋，他执黑子，她执白子。几盘下来，她的白子总是被他的黑子紧紧包围着，无法突围，继而只能败。终于，她垂头丧气地看着那盘惨败的棋，忍不住瞪着他："你干吗总围着我的白子啊！"他沉沉地笑，注视着她，说："为了让我的黑子保护你的白子。"

（喜欢逗你玩，看你生气的样子。其实我想拥有你的全世界，你的喜怒哀乐。）

22

大学期间，他和她同居，她把一切都给了他。

还没到毕业，他对她说分手，他坦言他有了别的女人。

而真正让他放弃她的事件是，那个女人为他流过产。

她激动地说："我也流过！还是两次！"

他无奈地说："我知道你一时接受不了，但我不能再伤害她了。"

她笑了笑，苍白地点头同意。

事实上，有两个假期，她均昏死在冰冷的手术台上。

（女人，要学会保护自己。别人不爱你没关系，至少你还有你自己。）

23

歹徒的刀锋逼近了她："拿钱！""没钱。"他说。她惊恐地睁大了眼睛。"没钱我杀了她！""杀吧，"他冷言，"反正不是我的什么人。"她顿时泪盈眼眶，到底是说出了真心话。"杀她没用那就杀你！"歹徒恼羞成怒地扑向了他。两人搏斗，他瘫软在地。他扯住歹徒，扭头对着她大叫："快走……"

（有种伟大叫欺骗，有种爱意叫伤害。我愿意用我的生命换取你的平安，哪怕用错方式。）

24

自那件事后，她不再照镜子，也狠下心不再爱他。可他没放弃，仍对她死心塌地。她终究被感动，答应嫁他。她一袭白纱站在一面巨大的落地镜前，悲伤地捂住脸。他轻轻拨开她的手说："忘了六年前的车祸，那张脸已被我收藏在心里，我未来爱的，是这张脸的主人。"她哭了，镜中那条长长的疤痕闪着光。

（不管你的容貌是美是丑，我爱的就是你的全部。）

25

他俩站在小店橱窗前，"我喜欢那个！"她指着一个风车说。第二天他又跑回那家店。"一千六，"店员说，"那是个咖啡机，磨咖啡豆用的。"道谢后他走出店门。"从来没见她喝过咖啡，她喜欢的是茶吧，送给她也没用。"他心里这么想着。"好贵！赶紧找工作吧浑蛋！"他日记里这么写道。

（你要天上的星星，哪怕我知道摘不到，我也要努力帮你摘到。）

26

他和她搬到了一栋小公寓，只有一个洗澡间，冬天洗澡很冷。他发现，如果一个人先洗的话，浴室就会暖和，所以每次他都第一个冲进浴室。他想，等她进浴室，至少暖和一两度吧。他不能给她舒适的生活，带她去高级餐厅，给她买漂亮的衣服，但至少他还能给她一摄氏度的爱情。

（我给不了你全部，可我能给你我的全部。一摄氏度的爱情不会结冰不会熔化，但它可以永恒。）

感谢你曾带给我的美好

Thank you ever for bring me happiness.

从今往后，恐怕不会偷偷地喜欢着一个人那么久了。

她的名字好听得像是诗句中的唯美字眼，我就是喜欢这样夸张我喜欢她的情绪，因为我喜欢关于她的一切。

2004年，我上初一，她从深圳回来，跟我同一个班。我们那里是梅州的一个普通农村，对于她时髦、干净的装扮，班里的男生使尽所有手段，想引起她的注意。而我，在一旁默默地没什么动作，却始终不服，不服这些男生的低俗。看到那么多男生写情书给她，我心里不知道怎么办，怕有一天她跟哪个男生拍拖了。那时的我为人中庸不做作，所以很多人对我很好，她也是对我很好，这跟她对其他男生不同。每次感受到这种不同，我的心里就会泛起痴情的涟漪，微微地荡漾个好几天。我想，这就是老师说的情窦初开吧。

我跟她的英语在班上都是一二名的，老师就把我们调到同一桌，这着实让那群男生眼红，而我也饱受他们的调侃捉弄。我们每一次对话的内容都是我晚上回想的素材，白天倾尽努力博得她的注意，博得她的笑颜，这些都是我在学校最美好的事。我知道，她不知道我的这些心情，包括我喜欢她的这个事实。

　　每天早上，我会故意很晚来学校，这样我会在她眼前走过，这样我就能受到全班的注意，最重要的是她的注意。她那时对我说，我这样看起来很酷，这句话我记到现在。我那时带几本要用的课本来学校，晚上也不带书回家，但就是这样，我的成绩也还是在班里名列前茅。因此，我又引起她的注意，得到她的称赞与佩服。总之，跟她一起的初一，我卖着各种萌，既傻又天真。

　　上了初二，我们不在一个班，我还是默默关注她，偷偷让自己被她注意到，甚至创造天衣无缝的偶遇，我乐此不疲。这时，她的成绩越来越差，我的成绩越来越好。我身边很多女生喜欢跟我说话，就像我喜欢跟她说话一样。我好多次都萌生出跟喜欢我的女生在一起的想法，但是每当她的身影出现在校园或教室窗外时，我又让自己喜欢她这个事实更加坚定了。

　　我一直想，她这么美，绝对可以当明星了，就像王心凌那般娇小可爱。那时的我看起了中国古典书籍，深受那种诗意生活的影响，我喜欢把我喜欢的东西诗意化。所以，她在我心中被诗意成一个仙女，在我的世界美丽自由地飞翔。我甚至写了很多诗去抒发那种未能说出的情感，我用各种拙劣的手法改编别人的诗。我写了好几个笔记本，现在成了我最亲切美好的回忆。

2007年，我考上县重点高中，而她在另一所普通高中。我与她的轨迹渐行渐远，我真的很可惜这种发展。我与她的邂逅只能局限在短暂的车程中，我甚至说不上话，打不了招呼。高中的时候，我怀疑她可能都忘了我了。高中的时间，全被繁重的学习占用了，我是这个时代洪流中的一员，渺小得像是漂流在洪水里那一团蚂蚁中的一员。我很平凡地过着高中生活，枯燥无聊得像夏天的知了。

2010年，也就这样了，我考到广州普通的二本学校——仲恺农业工程学院，估计没什么人听过。我之所以报考完全是冲着"工程"两个字来的，再者我这分数已尴尬到无法选择更好的学校。

我喜欢的那个她复读了，这也是我后来打听到的。

大学的第二学期，我逃课回梅州五华，一是因为复读的好友考试了，考完可以一起疯狂，而那时刚好又好像是什么节日来着。

我回去的时候，他们一考完就一起K歌、抽烟、喝酒、吃鱼生，到处疯狂，十足的街头混混儿。就在那天晚上，我做出了疯狂的举动，那时我还在日记上写道："我将要做出这件事，我不会后悔，我不想人生有个遗憾，我不想人生平平淡淡。"事实是那天晚上，我借着QQ跟她表白了，我直接一句"我喜欢你"就发送了过去。她回了QQ，表示不相信，而我说了一堆让她相信。那时我就想，我只是说出来，其实不抱希望能与她在一起，因为这看起来像是奇迹，而我不怎么相信奇迹。

天亮后，我跟几个好友在一家面馆吃早餐，接着发生了一个奇迹，从那儿开始，我就相信世上有一种无法解释的东西，我们取名奇迹或缘分。我放下那几个朋友和刚上的汤面追了出去。我叫了一下她，她回过头，惊讶得像是受了刺激。她一手捂着嘴，表示无法相信。

"我去收拾一下行李，你等我一下。"

后来，我与她聊了一天。从冰室到超市，再到面包店，话说个不停，笑声不断。刚好是她生日，她送了我一只杯子，我请她吃了蛋糕，我度过了人生最美好的一天。

回到学校，我们整天通话，我开始寻找各种便宜的打电话方式。我们聊到深夜两三点，她说以前，说关于我们的初中生活，读她的日记给我听。那时我们虽然不是情侣，但我确实像恋爱中那样甜蜜。在这之前，我跟她说过我喜欢她，我不要求她喜欢我，而她也表示要跟我当普通朋友。因为她确实被我感动了，她说她无法相信我喜欢她那么久，而且发生在一个男生身上。因为我是真心的，因为我是痴情的，所以她决定让我追她一段时间。

2011年，我在车站接她并送她去学校——广州铁路职业技术学院，我们很艰难地才找到她的学校。我帮她办完手续，铺好床铺，买好生活用品。在吃饭的时候，她委屈地哭了，她不敢相信学校的环境，偏远简陋，她不相信奋斗的结果是如此的不堪入目。而我看着她，心莫名地被刺痛。我想抱着她，我想帮她擦泪，但我最终只是说了没用的安慰话语，因为她还不是我的女朋友，我还不可以这样做。晚上，她憔悴地站在车站送我回去，满眼的不舍、不习惯，并说我回去要发个信息给她报平安。那时，我真感觉到了男子汉该有的气概，我从来没有那么"Man（男人）"过。我对我这一天做的事很骄傲，这也是我最想做的。

回到学校，我们还是像往常那样用QQ和电话联系，说着身边一堆不痛不痒的话，但我们就是很开心。有一次，她受委屈了，气得不想说话，后来跟我一聊起来，她又没事了。她说她不知道为什么，一跟我聊天心情就会莫名地好起来。这对我简直是天大的鼓励啊，上帝知道我听到那句话多么开心啊。

但是，美好的事情不会一直很美好地向前发展，好像是固执地想要证明"美好的东西是短暂的"这条真理。从几次聊天中，她向我透露说她有喜欢的人，但那个人不是我。她说我听了不许不开心，当时我用慷慨的心态表示接受这一切，还解释说："你又不是我的女朋友，你当然可以喜欢别人啦，一早我就说我喜欢你，我不要求你也要喜欢我啊。"事实上，我心里开始很矛盾，我是个自尊心很强的人，我觉得我会无法忍受的。但我接受了，因为她拥有这样的魔力。

后来我们的谈话，她说她不够好，不适合我，而我是个优秀的男生，也不适合她。我说这不重要啊，我们都是一样的人啊，我们不是很聊得来吗？你不要感到有压力。那时，我一直在欺骗自己，一直想说服她别那么早放弃我。在那段时间，我不断升华自己，努力让自己变得更优秀，而此时她嫌我太好了，有时候我真的无法接受这样的解释。

2011年的冬天，我承诺要陪她过圣诞节的，我还提前买了礼物。

她的QQ心情在那段时间更新得很频繁，全都是关于她喜欢的那个他。我无法视而不见，我也感到自己无法承受自尊的重压，萌生了放弃的念头，虽然一想到没有她就会难过。

我一直很讨厌冬天，尤其是那个冬天，家里发生的事就是冰雹打到我的心里，那个刺痛冰凉啊。我完全无法开心起来，而她在那段时间也没联系我，我更是没有心情联系她。

离圣诞节还有一个星期，她的个性签名更新了："我喜欢你，一想到就让我开心到无法入眠。"当然，我知道那个"你"不是我，我实在难过啊。她怎么可以像我那样喜欢着一个人，而那个人不是我呢？那晚，我喝了两瓶啤酒，喝到全身发冷，坐在电脑前听着悲伤的歌。10点，她发来一条信息："好久没跟你联系了，最近天气转凉，你要注意身体啊。"要是以前的话，我看到这条信息该是多么高兴啊。可是我开心不起来，我一直想着我们之间的不可能，像冬天的啤酒，我心灰意冷。我忍着发冷的身体，斟酌着在手机上打字，像以前那样要足够引起她的注意。我不断删了又写，因为这就是我最后留给她的文字了。我写道："我要离开你了，是永远离开的那种。在最后，我希望我的离开是骄傲的。感谢有过你的岁月。"信息简单到足以让她一辈子记下来了，我这样想。在按下"发送"的一刹那，我的身体颤抖了一下，心刺痛了一下，随后化作无声的冷笑。我不知道我在嘲笑着什么，我只知道我做什么表情都不对，我做什么事情都不会安定。

几分钟后，她回了信息，内容是："我想说你是骄傲的，你在我心中一直是骄傲的，与你在一起的日子真的很开心，也谢谢你陪我走过这段岁月。以后你要幸福开心地生活，就算我们无法在一起。"我只是草草地看完，不敢看第二遍。我怕自己会留恋，我怕自己太卑微，我怕自己不够骄傲。

第二天，我在删掉她QQ的时候，看到她的个性签名是"世界上最痛苦的事不是你喜欢的人不喜欢你，而是喜欢你很久的人不再喜欢你了，从此不在身后保护着你"。在没有她的日子，我只是失意地生活着而已，除此之外好像也没什么不同，日子没有像我之前想的那样难过。

2013年2月27日，她早已不在我的世界，我用文字把过去的她深深地纪念着。

美丽的她就像我生命旅途中的一道美丽风景，我在里面流连忘返，最终我还是无法拥有。

我想，我们生命中都会有那么一个人，像你人生中的美丽风景，你只是留恋地感受一番，始终是无法拥有的。

现在，我知道，我应该感激她，她给予我美丽的过去、亲切的回忆。每个人都无法保证许以别人一生的美好，我们应该感谢那段时间赐予我们美好的那个人，并时刻怀念。

二月

February

我爱你，不光因为你的样子，还因为，和你在一起时我的样子。

我爱你，不光因为你为我而做的事，还因为，为了你，我能做成的事。

我爱你，因为你能唤出，我最真的那部分。

我爱你，因为你穿越我心灵的旷野，如同阳光穿透水晶般容易，

我的傻气，我的弱点，在你的目光里几乎不存在。

——罗伊·克里夫特，《爱》

今天是我们在一起的29个月整，我觉得我们要分手了

Today is we together of the 29 months, I think we are gonna break up.

今天是我们在一起的29个月整，今天是"4·19"，今天是Kobe夫妇俩结婚十周年纪念日，今天，我觉得我们要分手了。

1. 我对你是一见钟情，这事儿挺奇妙的，主要当时你形象真的超差，我到底是怎么看上你的？

2. 但你真的很好看，让人特别舒服，不化妆，素颜万岁。你的眼睛、嘴巴、锁骨、手指、脚丫，都让我着迷。

3. 你自己也承认，你超级好追，我追了一个月就到手了。

4. 你是我这辈子最深爱的人，也是改变了我的人。

5. 下辈子咱俩一定是最配的人，无论是哪一方面，但这辈子就算了，我不想坚持了。

6. 有人说，咱俩连痦子都是对称的，太有夫妻相了。咱俩笑起来，眼睛的弧度是一样的。

7. 玩够了就收吧，虽然你绝顶聪明，但总有吃亏的时候，恢

复你宅女的本貌吧。

8. 我现在手边是你昨天买给我的糖葫芦，你逼我吃光了，可是现在，我数数，还有四颗。

9. 咱俩很少吵架，因为都是脾气好的人，你又太理智了，我只能偶尔找碴儿看能不能吵一架，给生活找点儿乐趣。

10. 你养的泰迪跟我比跟你亲多了，因为我更爱它，它懂。而且它跟我家的那只也在谈恋爱。

11. 我什么都给你最好的，因为精神上我给出了所有，物质上也坚决不能亏待了我的女人。

12. 你爱刷卡，我爱付现金，其实你比我挥霍多了，但我不会让你花钱，我就喜欢养着你。

13. 你特别喜欢吃，以及能吃，特别的。咱俩每次点菜，服务员都特别地惊恐。最高纪录是35道菜，吃光了。

14. 我每次开车去接你，都会在副驾驶放一小瓶矿泉水，然后把歌调到你最近比较爱听的那首，以便你一上车就能听到，车兜里放上你爱吃的零食，因为咱俩每天花在车上的时间是很长的。我总是去洗车，你非常不能理解，可是，你愿意坐不干净的小车啊？

15. 我常假装很悲观，说："哎，您那些朋友又是宾利又是什么的，我开一辆一两百万的车都不好意思接您了。"其实我知道，你哪有那种朋友啊，你哪会介意这些啊。

16. 我总是给你照相，因为我要记录每天在一起的快乐，你总说："哎呀，我真服了。"然后依然乐意让我拍你。

17. 我每次见到你都会酥了，很多人说我是奇迹，因为我能这么多年对一个人保持如此高度的热情。我常说，咱俩在一起的每天都是热恋，但又充满了生活气息。

18. 咱俩都超爱逛超市，一天至少一次。我推着车，你就一手挽着我，一手往车里扔东西。

19. 有一次吃自助，你点了我所有爱吃的，我点了你所有爱吃的，幸福的含义也就是这样了。

20. 我看到你就会开心，就没有烦恼了。同样，你总说拿我没办法，我即使做了过分的事，撒撒娇就好了。

21. 我总是特别执着地要求你所有的第一次都给我，甚至什么饰品啊，我也要争当第一个送给你的人。

22. 追你的人太多了，总感觉每天都会出现新的敌人。你老拿这事儿吓我，把我吓坏了还得哄我。

23. 其实你出过轨，但最终还是觉得我最靠谱。好吧，我不跟你计较。我还喜欢给那些男的起各种外号，以至于你到最后都忘了哥们儿的真名了。

24. 你几乎就不懂什么叫吃醋，是过于相信我，还是本身就少根筋，谁晓得，哈哈。

25. 你在我朋友面前特别给我面子，所以他们都很喜欢你，有几个没出息的还被你一人一瓶一块五的矿泉水收买了，从此咱俩一怎么着，肯定所有人都认为是我的错。你的战略成功了。

26. 你特别牛的一点是，没有电脑和网络可以生存，但不能没有电视！尤其不能没有美食节目！你甚至有一个小本，是方便你看节目的时候快速记录的……

27. 你总不让我墩地，不是心疼我，是老怀疑我弄不干净。

所以我一直是倒垃圾、洗碗的命。

28. 你是购物狂，每天逛各种商场。各种导购都认识你了，超喜欢你，因为你老买一堆衣服，不过你确实穿什么都好看。

29. 咱俩有三双情侣鞋、两身情侣装，其中一双鞋是因为鞋带一种颜色一只，你偏又只喜欢一个颜色，所以我又买了一双，把鞋带拆给了你。

30. 你手指超漂亮，所以你会很精心地护理手部，我也是，比如我从不舍得让你刷碗。

31. 你不太喜欢我抽烟，但我又戒不了，我怕你闻烟味，所以都去厨房开着抽油烟机抽。

32. 你酒品超级差，其实酒量挺好的，但不知道为什么只要跟我喝，就必醉。刚开始的时候超妩媚的，各种激情，但一醉厉害了就变身泼妇，我真忧愁。

33. 你总是计划去宜家挑个合适的杯子，但咱俩去了几十次了，都没找到称心的，反而买了一堆其他的东西。

34. 你总是计划开家小店，因为咱俩要过日子，不能每天这么漫无目的地乱花钱了，然后这句话说了好久……从大一说到了毕业……

35. 我一定要成为一个特别牛的人，即使那时候咱俩不在一起了，我也要证明给你看，你没跟错人。

36. 鉴于以前追你的时候送花有很失败的经历，所以今年情人节就没准备花，结果您老人家说为了不刺激我，头天晚上专门在家练习了半天收到花之后的欣喜表情……于是我补给了你……

37. 你唱歌不怎么在调上，但又爱唱，于是经常跟我两个人去钱柜练歌，我是你最忠实的听众。

38. 有一次我想唱《美》给你听，练了好久，后来录了自己听，然后，然后就没然后了……

39. 你总是埋怨我太色，还经常给我计时，说你看你看，才过了十分钟你又想亲了！

40. 但你真的好迷人。

41. 我每天都会夸你，变着法地夸你，你说我把你宠坏了，不能相信我的话了，但自己很受用。

42. 有一次，我钱包里居然只有一块钱了，可我马上还要去跟朋友喝酒。你给了我好多钱，我死也不要，说不花女人钱，然后你就怒了，说你牛你就走啊，我看你怎么付车钱，然后我就妥协了……出租车司机一路都在笑……

43. 那天喝多了，回家已经很晚了，你还没睡，然后我洗漱的时候发现牙膏挤好了，你还帮我把头发吹干了。

44. 我换了辆车，用的是你的名字缩写和生日。

45. 你常说我开车脾气太大，又开得太快，于是我在你坐我旁边的时候尽量收敛。

46. 我从不在你之前洗澡，因为我怕轮到你洗的时候，水有可能就没那么热了。

47. 我总说你是一个浑蛋，事实也是这样，你做的那些事，令人发指啊。

48. 我也有很多人追，包括一夜情的机会，但我没有去做，我断了我所有的后路，然后，我就真的没有后路了。

49. 我在你面前哭过两次，一次是我要离开你，但我发现我爱你；一次是经历了这些年，我觉得委屈，你很温柔地哄我。

50. 如果不要心机，你确实是个温柔体贴的姑娘，你总是知道我心里在想什么，就像我知道你一样。

51. 白色情人节那天，你挡在我身前，说爱我就别去训练。篮球啊，我最爱的篮球啊，为什么你俩总冲突。实际上，你在大风天里等我打完球才去约会。

52. 有次无意买了一包腰果，很好吃，但再去那个超市就找不到了。结账的时候，你说等一等，然后就失踪了，回来的时候，牛哄哄地拿着三袋腰果，我表扬了你。

53. 你的胸很小，我总说是后背加俩点儿，但我就喜欢这样的，即使有时候睡觉分不清正反面。

54. 你明明是A罩杯，但被太阳宫百盛那家店的导购忽悠，硬是穿上了C罩杯，然后您一得意，大手笔购入内衣，多得吓人，还推荐我一个胸也无比小的发小儿光顾，你让她情何以堪……

55. 你个子很高，如果穿高跟鞋就一米八开外了，所以只要跟我在一起就尽量不穿，其实我完全不介意的。

56. 你以前管我叫娘子，现在叫Honey，好吧，我只能叫你相公……那天你还在睡，我突然就想叫你女王，我说："女王！你醒醒女王！你怎么了女王！"

57. 以前我出门总是大包小包，后来慢慢地开始不背包了，只拿手机、钱包、车钥匙、烟，还老往你包里塞。你很鄙视我，最后取车的时候，我还会特恭敬地对你说："主人，开门。"

58. 咱俩总是会互相发一些煽情的短信，原创的或者是从哪儿看来的。刚开始是我坚持给你发，后来你也开始主动发了，不过有时候你骗我是原创，我都懒得揭发你。

59. 你每天有很长的时间是在厕所度过的，你排泄系统很好，而且拉屁屁居然不臭，不像我。你总说以后房子一定要好多厕所，免得俩人抢厕所。哦，还有以后的房子衣柜一定要大，咱俩的衣服太多了！

60. 咱俩只要出门，手就一直拉着不分开。你在我的右侧。你还特别喜欢边走边捏我的胳膊。

61. 我每次看美国职业篮球联赛（NBA）时就顾不上理你。但说来也巧，每次因为你没有看成的比赛，湖人都输了，你说瞧我多好，避免你伤心。

62. 咱俩打车是件很神的事，经常不知道目的地，就说："师傅你就先开着吧，想好了告诉您。"或者是经常临时改变目的地。估计很多师傅对咱俩永生难忘……

63. 你总说我优柔寡断，拿不定主意，有选择障碍……好吧，我承认。你还总数落我看菜单太慢。

64. "宝贝儿，今天咱俩吃什么？""哎呀老是我想！你能不能决定一次啊！""那咱俩吃火锅吧。""一身味儿！不吃！""烤肉？""干吗啊！看着你吃肉啊！""望京哪哪哪新开了一家，去吗？""一听就不好吃！换！""……那你说吃什么？""哎呀老是我想！你能不能决定一次啊！""……"

65. 有一次，我去一家觉得不错的店给你办了张卡，我说："食神大人，这卡有效期是半年，咱俩半年得搞定它！"你说："没问题！吃五次就能吃完！"然后直到现在……咱俩都没去成……因为我总嫌堵车，你总嫌我不穿正装。

66. 我总埋怨你不解风情，其实仔细想想，你还挺好的，至少你总是会想着我。比如你亲手给我编的那个车内的挂件，还有好多送我的礼物小惊喜。

67. 我总说肥水不流外人田，以后我给你介绍男朋友吧，你就气我说好啊好啊，然后假装对我的一个朋友感兴趣，吓得我都不敢带你跟我那朋友吃饭了……

68. 你总说想把最好的都给我，其实你确实努力做到了。

69. 我坚信你再也遇不到比我更好的人了，但是我真的希望你能嫁得很好。

70. 我所有的朋友都特别受不了我，说只要一提到你，我就会露出那种贱贱的表情……

71. 我比你大一届，结果我大学最后的两门考试（四级和某科清考），居然和你一个考场，四级我光顾着看你以及飞吻，完全没心情答卷，结果没过。清考那天，你贼兮兮地坐到了我的旁边……

72. 你每次去银行，我都特讨厌地说："怎么着姑娘，这个月的包养费打过来了啊。不能够啊，比上个月晚了好几天了啊。"其实我愿意养你一辈子。

73. 你有时候超"Man"，比如每次购物满多少多少办卡签字的时候，老有气场了，我都做小鸟依人状，然后周围的人都疯了……比如我找碴儿跟你吵架，你忍不了就狂吼我，我立马尿……

74. 前几天，你突然走到我面前，躺到我怀里开始亲我，很那个。我就晕了，各种脸红害羞小鹿乱撞，过了好久，你还坏笑地问我刚才感觉怎么样。

75. 我翻出了你以前写给我的情书……老煽情了，各种错别字。

76. 你让我特别心动的是每次分手后，你都会做一些让我很感动的事，比如第一次你直接来学校找我，晚上咱俩挤在宿舍那么小的床上，你说老公我爱你，然后亲着亲着就睡着了；比如上一次你晚上打来电话说实习累吗，然后白天就出现在我公司了。

77. 不过这次无论你做什么，我都不会回头了。

78. 原来咱俩同居，闹了一次，你就搬走了。那段日子，咱俩一人租一个一居室，某王老师都说你俩可真够逗的……不过，后来咱俩又在一个小区出入了。

79. 我有一件衣服开线了，你说你针线好，要给我缝上，结果到现在也没动静……针线盒上都一层土。

80. 么么（我家那只狗）把遥控器咬坏了。电视可是你的生命啊，我说去市场给你买个万能的，结果还没来得及去就变成了这样。

81. 咱俩的家庭很像也很配，这是所有家长最喜欢的门当户对吧。你很孝顺，我很喜欢。

82. 有一次逛街的时候，你突然特别深情地拉起我的手举到胸口那个位置说："你说，咱俩要是这么一直走下去，能不能走到……"我立刻深情地回望你，准备等你说完，我就来一个温柔的吻或是什么的。结果你接着说了："能不能走到地下一层卖好多吃的那个地方啊……"我：……

83. 其实，我更想跟你多一些阳光一点儿的室外活动，比如去个游乐场啦，比如去郊游啦，比如去听场演唱会啦……

84. 有时候我会希望你矜持一点儿，你洗完澡总是不穿衣服走来走去，我很忧愁，你懂吗……

85. 我去年的生日礼物，你送了我一个保险箱，现在里面放的都是回忆。

86. 咱俩的两周年纪念日，本来说是去成都的，还可以寻访美食。结果机票、酒店都订好了，你家里出了点儿事没去成，但我不怪你，因为家庭很重要。

87. 有一次听歌，我想了半天想不起歌名了，我说："叫什么来着，好像是兄弟！"你说："不对不对，叫筷子！"当时咱俩都愣了愣，然后爆笑……天空传来声音："老男孩儿……"你说："你其实也有幽默感。"我说："谢谢你啊。"真冷。

88. 你总说你自己也不会唱歌，不会跳舞，不会打麻将，骰子还玩得一般，不会打台球，不会打篮球……"其实这有什么关系，都是无关紧要的东西。"我安慰你，"你会的很多啊，你特别会撒谎，特别会花钱，特别会刺激人，那些不会的算个屁啊，哈哈！"

89. 你大一的新生汇演，跳了段爵士舞，本来就我一个人知道你胸小，那天以后，全校都知道了……那天我还献花了，全校都知道我喜欢你了。

90. 你大一还是个乖学生，大二就一整年没有上课，居然没留级，后来就偶尔来趟学校。现在要毕业了，九门清考，我比你还着急，你却连几号考试都不知道，淡定女神。你很自信我会管你，说："谢谢宝贝。"

91. 有相当长的一段日子，大概是八个月，咱俩好到绝了，每天等你起床，我就开车去接你，然后逛街吃饭，把你送回去，然后我再回家。有几次甚至逛到商场关门。有时候也懒得折腾，就搬了行李干脆住一起，居家过日子。不过结果就是我累病了……大病一场。

92. 有一天我在自己家午觉，你给我打了个电话，说："你在哪儿啊？我好饿，我好想见你啊！晚上别走了……"我承认当时我立马败了……酥了……火速赶去。

93. 我提过几次我喜欢你散着头发，后来你见我的时候就尽量散着，其实我知道你最近喜欢把头发扎起来。我提过一次你鬈发也很好看，下次见面的时候你就去找造型师弄了个一次性的，说给我看。

94. 平时你确实不是一个黏人的女孩儿，因为毕竟每天都能见到。可一旦咱两有小吵小闹并且是你的错的时候，你就开始夺命Call，直到我投降。

95. 你说，我这人最大的缺点就是太好了。

96. 咱两总是一边花钱吃饭，一边花钱减肥。其实你一点儿也不胖，你太追求完美了。你也太纵容我了，我跟你在一起没办法瘦。

97. 咱两在一起是那么和谐，相互已经那么熟悉，全是你的身影、你的味道。我需要多久去沉淀，需要多久才能让身边的事物轮换。

98. 你的婚礼别叫我去。

99. 回忆太多，每打一个字都是一种疼痛，写不下去了。

100. 你太聪明也太自私，你做过太多非常不好的事情，比如这件，我能理解你，体谅你，但不代表我会原谅你，会再爱你，也就到此为止了。

101. 但我真的好爱你。

某年某月某一天，永不永不说再见

Once upon a day, never never say goodbye.

有个女孩儿非常希望能看见男朋友的眼泪，那个坚强的男人从未在她面前流过泪。日子一年年过去，他们的幸福让女孩儿愈加好奇，他究竟什么时候才会哭一次呢？

"傻瓜，别试着想看见我的泪，真有那一天，肯定是有非常悲痛的事情发生。"他说。

女孩儿的好奇心得不到满足，她想知道男人的眼泪是什么样的，究竟是苦是咸？上天给了她一个机会，天使光顾了她的家。

"真的想看见他的眼泪吗？"天使问她。
"能有办法吗？"
"可以，不过你会消失几天。"
"到哪儿去呢？"
"你会变成空气中的水，但你能时刻陪着他、看着他，你愿意吗？"

女孩儿点点头，瞬间就变成了空气中的水。一切都是新鲜的，去看看他在干什么。

女孩儿停在男人房前的窗户上，她看见男人正在辛勤地工作，计算数据，制作图表，忙得不亦乐乎。其间，他走到电话机前。她想起每天晚上10点他们都会通个电话，他打不通电话会怎么样呢？她瞪大眼睛看着。果然他拨了好多次都没人回应，他不免猜想着，难道她这么早就睡了？让她睡个好觉吧。男人嘴角浮现出温柔的笑容。她却有点儿失望，为什么他不着急呢？

第二天，男人准时上班下班，忙碌了一天，回到家马上又给女孩儿打了个电话，仍然无人应答。男人开始不停地打电话，拨遍了所有朋友和亲戚的号码，但没人知道女孩儿去了哪里。男人似乎有点儿急了，在房间里走来走去。女孩儿却因为男人在意自己而有些得意。

男人穿起外套，冲出家门，女孩儿紧随其后。

男人先来到女孩儿的家，大门紧闭，邻居说昨天晚上就没见到她。女孩儿的父母以为他们两人在一起，看着二老斑白的鬓角，他不忍心告诉老人，她失踪了。独自离开时，他眼里满是焦急，她不禁开始后悔了。

整个晚上，他没睡觉，找遍了他们约会过的所有地方，到处都有她的身影，可又找不到她。一夜的奔波让他憔悴了一大圈，连他一向整洁的下巴也长出了胡子。他累了，瘫倒在沙发上。她忍不住想摸摸他的胡楂儿，想给他盖条被子，可她只是空气中的水啊！她想对天使说："我不想看见他的泪了，让我变回人吧！"可天使没有再光顾她的家。

第三天，男人依然要上班，但眼睛里没有了以前的光彩，走着路会突然转过身找什么。她以为他发现了自己，可她只是透明的水汽啊！她只能笑自己的天真。男人下班后不再直接回家，而是来到他们约会的老地方，那儿有棵老梧桐树。他坐在梧桐树下的座椅上，显得那么孤单。他好像在想些什么，在等些什么："你会出现的，对吗？"

第四天，男人又来到这里，并带来了一块小玻璃石，里面还有一艘小帆船。他不发一言，只呆呆地望着玻璃石。她想起他们说好，以后要一起出海旅行。

第五天，男人没来，她在他的床上找到了他。他在睡觉吗？看着他苍白无神的脸，她心痛得快要死去："天使，你归来吧！"

第六天，男人把玻璃石扔进了大海，让他的心一起沉入大海。她一阵心酸："天使，让我变回人吧！"

天使终于来到了她身边："太晚了，你马上就要离开这世界，和他吻别吧！"
她的泪瞬间落了下来，一周的消失就让他憔悴成这样，要是自己真的不在了，他该怎么办？她吻了吻他的唇，发现他的唇上有一滴泪，那就是自己。原来男人的眼泪就是她！

她放声大叫道："不，我不要离开……"
还好，这只是一个梦。

她在庆幸的同时告诉自己，再也不要看见男人的眼泪了，因为那意味着自己的消失……

原来爱情也是一种宿命

The Love is A Kind of Fate

1

他问："我究竟该找个我爱的人做我的妻子呢，还是该找个爱我的人做我的妻子呢？"

佛笑了笑："这个问题的答案其实就在你自己的心底。这些年来，能让你爱得死去活来、让你感到生活充实、让你挺起胸膛不断往前走的，是你爱的人，还是爱你的人呢？"

他也笑了："可是朋友们都劝我，找个爱我的人做我的妻子。"

佛说："真要是那样的话，你的一生就将注定从此碌碌无为！你习惯在追逐爱情的过程中不断去完善自己。当你不再去追逐一个自己爱的人时，你自我完善的脚步也就停滞下来了。"

他抢过了佛的话："那我要是追到了我爱的人呢？会不会就……"

佛说："因为她是你最爱的人，让她活得幸福和快乐就会被你视作一生中最大的幸福，所以，你也会为了她生活得更加幸福和快乐而不断努力。幸福和快乐是没有极限的，你的努力也将没有极限，永不停止。"

他问："那我活得岂不是很辛苦？"
佛说："这么多年了，你觉得自己辛苦吗？"
他摇了摇头，又笑了。

2

他问："既然这样，那是不是要善待一下爱我的人呢？"
佛摇了摇头，说："你需要你爱的人善待你吗？"
他苦笑了一下："我想我不需要。"
佛说："说说你的原因。"

他说："我对爱情的要求较为苛刻，我不需要这里面夹杂着同情和怜悯，我要求她是发自内心地爱我，同情、怜悯、宽容和忍让虽然也是一种爱，也会给人带来某种意义上的幸福，但我对它们是深恶痛绝的，如果她对我的爱夹杂着这些，那么我宁愿她不要理睬我，或者直接拒绝我的爱意，在我还来得及退出来的时候。因为感情只能是越陷越深，绝望远比希望来得实在一些，绝望的痛是一刹那的，而希望的痛则是无限期的。"

佛笑了:"很好,你已经说出了答案!"

<h1 style="text-align:center">3</h1>

他问:"为什么我以前爱着一个女孩儿时,她在我眼中是最美丽的,而现在我爱着一个女孩儿,却常常发现长得比她漂亮的女孩儿呢?"

佛问:"你敢肯定你是真的那么爱她,在这世界上你是爱她最深的人吗?"
他毫不犹豫地说:"那当然!"
佛说:"恭喜。你对她的爱是成熟、理智、真诚而深切的。"
他有些惊讶:"哦?"

佛继续说:"她不是这世间最美的,甚至在你那么爱她的时候,你都清楚地知道这个事实,但你还是那么爱她,因为你爱的不只是她的青春靓丽。要知道韶华易逝,红颜易老,但你对她的爱恋已经超越了这些表面的东西,也就超越了岁月。你爱的是她整个人,是她独一无二的内心。"

他忍不住说:"是的,我的确很爱她的清纯善良,疼惜她的孩子气。"

佛笑了笑:"时间的任何考验对你的爱恋来说算不得什么。"

4

他问："为什么后来在一起的时候，两个人反倒没有了以前的那些激情，更多的是一种相互依赖？"

佛说："那是因为潜移默化中，你的心里已经将爱情转变为亲情。"

他摸了摸脑袋："亲情？"

佛继续说："当爱情到了一定程度，会在不知不觉中转变为亲情，你会逐渐将她当成你生命中的一部分，这样你就会多了一些宽容和谅解，也只有亲情才是你从诞生伊始上天就安排好的，也是你别无选择的。你后来做的，只能是去适应你的亲情，无论你出身多么高贵，你都要不讲任何条件地接受他们，并且对他们负责，对他们好。"

他想了想，点头说道："亲情的确是这样的。"

佛笑了笑："爱是因为相互欣赏而开始的，因为心动而相恋，因为互相离不开而结婚，更重要的一点是需要宽容、谅解、习惯和适应才会携手一生。"

他沉默了，原来爱情也是一种宿命。

5

他问："大学的时候我曾经遇到过一个女孩儿，那个时候我很爱她，只是她那个时候并不爱我，可是现在她又爱上了我，而我现在似乎没有了以前的那种感觉，或者说我似乎已经不爱她了，为什么会出现这种情况呢？"

佛问："你能做到让自己从今以后不再想起她吗？"

他沉思了一会儿："我想我不能。因为这么多年来，我总是有意无意中想起她，或者同学聚会时谈起她的消息，我都有着超乎寻常的关注。接到她的来信或者电话的时候，我的心都会莫名地激动和紧张。这么多年来单身的原因，也是因为一直都没有忘记她，或者我在以她的标准来寻觅着我将来的女朋友；可是我现在，的确不再喜欢她了。"

佛发出了长长的叹息："现在的你跟以前的你尽管外表没有什么变化，然而你的心走过了一段长长的旅程，或者说你为自己的爱情打上了一个现实和理智的心结。你不喜欢她也只是源于你的这个心结，心结是需要自己来解开的，要知道前世的五百次回眸才换来今生的擦肩而过，人总要有所取舍的，至于怎么取舍还是要你自己来决定，谁也帮不了你。"

他没有再说话，只是将目光静静地望向远方，原来佛也不是万能的……

6

他问："在这样一个时代，这样一个社会里，像我这样辛苦地去爱一个人，是否值得呢？"

佛说："你自己认为呢？"

他想了想，无言以对。

佛也沉默了一阵，终于又开了口："路既然是自己选择的，就不能怨天尤人，你只能无怨无悔。"

他长叹了一口气，他知道自己懂了，他用坚定的目光看了佛一眼，再也没说话。

上帝叫我牵一只蜗牛去散步

God told me to lead a snail to go for a walk.

我是个急性子，偏偏老公是个慢郎中，什么事情都慢慢拖，说什么"慢工出细活"。

可是我老跟他说："现在时间最宝贵，没有什么慢工出细活，赶快做完事还有时间赶快发现错误，一切都还来得及补救。做事情太慢，连补救的机会都没有。"

最近，因为公司改组产生一些人事纷争，我的工作内容与形态因而有很大改变，我变得适应不良，每天拿着公事回来问他该怎么办。

他静静地听，慢慢地分析，叫我不要急，总是需要时间适应。

可是接着一个星期内，我不但上吐下泻，得了急性肠胃炎，还莫名其妙得了生平第一次的荨麻疹，生病的指标不约而同指向压力太大，太紧张。拖着虚弱的身体回到公司上班，打开电子信箱，里头有100多封未处理的邮件，我惊讶地发现其中竟有老公的名字。先把他发的邮件打开来看，信的第一段写着对我生病他不知如何是好的道歉话。（我心里却想着："这家伙不知道做错了什么事情，觉得内疚？"）

接着是一个他从网络上看到的故事：
上帝给我一个任务，叫我牵一只蜗牛去散步。
我不能走得太快，蜗牛已经尽力爬，每次总是挪那么一点点。
我催它，我唬它，我责备它，蜗牛用抱歉的眼光看着我，仿佛说："人家已经尽了全力！"

我拉它，我扯它，我甚至想踢它。蜗牛受了伤，它流着汗，喘着气，往前爬。
真奇怪，为什么上帝叫我牵一只蜗牛去散步？
"上帝啊！为什么？"天上一片安静。
"唉，也许上帝去抓蜗牛了！"

好吧，松手吧，反正上帝不管了，我还管什么？任蜗牛往前爬，我在后面生闷气。

咦？我闻到花香，原来这边有个花园。
我感到微风吹来，原来夜里的风这么温柔。
慢着！我听到鸟叫，我听到虫鸣，我看到满天的星斗多亮丽！
咦，以前怎么没有这些体会？

我忽然想起来，莫非是我弄错了？

原来上帝叫蜗牛牵我去散步。

重复看了这个故事三次，眼泪转啊转。

泪能流下倒好，流不下的眼泪藏在心里感到更难过。

自从看了这个"蜗牛"故事，我慢慢学习在等公交车的时候不要心浮气躁。

我慢慢学习在等待上司反反复复做决定时气定神闲，动动脑筋想想决策的多种考虑与执行。

我慢慢学习在不喜欢待着的厨房里，找到煎出美丽荷包蛋的乐趣。

至于我的老公，我也终于发现，他，原来是上帝派来牵我去散步的蜗牛。

我把这个发现告诉他的时候，他却装着一脸哀怨地说："反正你就是嫌我慢，想把我当成蜗牛一脚踩死……"

三月

你肯定有过这样的时候：别人指着你的痛处哈哈大笑，你却只能傻傻地笑着。你害怕别人会说你开不起玩笑，所以你笑弯了腰，连眼泪都笑了出来……我们总会迁就别人而伤害自己，所以，对自己好一点，因为没人会把你当作全世界。

君生我未生，我生君已老

I haven't born when you were born, You were already old when I was born.

我是一个孤儿，也许是重男轻女的结果，也许是男欢女爱又不能负责的产物。

是哲野把我捡回家的。

那年他落实政策自农村回城，在车站的垃圾堆边上看见了我，一个漂亮的、安静的小女婴，许多人围着，他上前，那女婴对他粲然一笑。

他给了我一个家，还给了我一个美丽的名字：陶夭。后来他说，我当初那一笑，称得起桃之夭夭，灼灼其华。

哲野的一生极其悲冻，他的父母都是归国的学者，却没有逃过那场文化浩劫，愤懑中双双弃世。哲野自然也不能幸免，下放至农村，和相恋多年的女友劳燕分飞。他从此孑然一身，直到35岁回城时捡到我。

我管哲野叫叔叔。

童年在我的记忆里并没有太多不愉快，除了一件事。

上学时，班上有几个调皮的男同学骂我"野种"。我哭着回家，告诉哲野。第二天，哲野特意接我放学，问那几个男生："谁说她是野种的？"小男生一见高大魁梧的哲野，都不敢出声。哲野冷笑："下次谁再这么说，让我听见的话，我揍扁他！"有人嘀咕："她又不是你生的，就是野种。"哲野牵着我的手回头笑："可是我比亲生女儿还宝贝她。不信哪个站出来给我看看，谁的衣服有她的漂亮？谁的鞋子、书包比她的好看？她每天早上喝牛奶吃面包，你们吃什么？"小孩子们顿时气馁。

自此，再也没有人骂过我是野种。大了以后，想起这事，我总是失笑。

我的生活较之一般孤儿，要幸运得多。

我最喜欢的地方是书房。满屋子的书，明亮的大窗子下是哲野的书桌，有太阳的时候，他专注工作的轩昂侧影似一幅逆光的画。我总是自己找书看，找到了就窝在沙发上。隔一会儿，哲野会回头看我一眼，他的微笑，比冬日窗外的阳光更和煦。看累了，我就趴在他肩上，静静地看他画图撰文。

他笑："长大了也做我这行？"
我撇嘴："才不要，晒得那么黑，脏也脏死了。"

啊，我忘了说，哲野是个建筑工程师。但风吹日晒一点儿也无损他的外表，他永远温雅整洁，风度翩翩。

断断续续的，不是没有女人想进入哲野的生活。

我八岁的时候，曾经有一次，哲野差点儿要和一个女人谈婚论嫁了。那女人是老师，精明而漂亮。不知道为什么，我不喜欢她，总觉得她那脸上的笑像贴上去的，哲野在，她对我笑得又甜又温柔，不在，那笑就变戏法似的不见了。我怕她。有一天，我在阳台上看图画书，她问我："你的亲爹妈呢？一次也没来看过你？"我呆了，望着她不知道说什么好。她啧啧了两声，又说："这孩子，傻，难怪他们不要你。"我怔住。哲野铁青着脸走过来，牵起我的手什么也不说就回房间了。

晚上，我一个人闷在被子里哭。哲野走进来，抱着我说："不怕，夭夭不哭。"

后来，就不见那女的上我们家来了。

再后来，我听见哲野的好朋友邱非问他："怎么好好的又散了？"哲野说："这女人心不正，娶了她，夭夭以后不会有好日子过的。"邱非说："你还是忘不了叶兰。"八岁的我牢牢记住了这个名字。大了后我知道，叶兰就是哲野当年的女朋友。

我们一直相依为命。哲野把一切都处理得很好，包括让我顺利健康地度过青春期。

我考上大学后，因学校离家很远，就住校，周末才回家。

哲野有时会问我："有男朋友了吗？"我总是笑笑，并不作声。学校里倒是有几个还算出色的男生总喜欢围着我转，但我一个也看不顺眼：甲倒是高大英俊，无奈成绩三流；乙功课不错，口才也甚佳，但外表实在普通；丙功课相貌都好，气质却似个莽夫……

我很少和男同学说话。在我眼里，他们都幼稚肤浅，一在人前就迫不及待想把最好的一面表现出来，太着痕迹，失之稳重。

20岁生日那天，哲野送我的礼物是一枚红宝石戒指。这类零星首饰，哲野早就开始帮我买了，他的说法是女孩子大了，需要有几件像样的东西装饰。吃完饭，他陪我逛商场，我喜欢什么，马上买下。

回校后，敏感的我发现同学们喜欢在背后议论我。我也不放在心上。因为自己的身世，已经习惯人家议论了。直到有一天，一个要好的女同学私下把我拉住说："他们说，你有个年纪比你大好多的男朋友？"我莫名其妙："谁说的？"她说："据说有好几个人看见的，你跟他逛商场，亲热得很呢！说你难怪看不上这些穷小子，原来是傍了孔方兄！"我略一思索，脸慢慢红起来，过了一会儿笑道："他们误会了。"

我并没有解释，静静地坐着看书，脸上的热久久不退。

周末回家，照例大扫除。哲野的房间很干净，他常穿的一件羊毛衫搭在床沿上。那是件米咖啡色的，樽领，买的时候原本看中的是件灰色鸡心领的，我挑了这件。当时，哲野笑着说："好，就依你，看来小夭夭是嫌我老了，要我打扮得年轻点儿呢。"

我慢慢叠着那件衣服，微笑着想一些琐事。

接下来的一段时间，我发现哲野的精神状态非常好，走路轻捷步履生风，偶尔还听见他哼一些歌，倒有点儿像当年我考上大学时的样子。我纳闷。

星期五我就接到哲野电话，要我早点儿回家，出去和他一起吃晚饭。

他刮胡子换衣服。我狐疑："有人帮你介绍女朋友？"哲野笑："我都老头子了，还谈什么女朋友。是你邱叔叔，还有一个也是很多年的老朋友，一会儿你叫她叶阿姨就行。"

我知道，那一定是叶兰。

路上哲野告诉我，前段时间通过邱非，他和叶兰联系上了，她丈夫几年前去世了，这次重见，感觉都还可以，如果没有意外，他们准备结婚。

我应着，渐渐觉得脚冷起来，慢慢往上蔓延。

到了饭店，我很客观地打量叶兰：微胖，但并不臃肿，眉宇间尚有几分年轻时的风韵，和同年龄的女人相比，她无疑还是有优势的。但是跟英挺的哲野站在一起，她看上去老得多。
她对我很好，很亲切，一副爱屋及乌的样子。
到了家，哲野问我："你觉得叶阿姨怎么样？"我说："你们都计划结婚了，我当然说好了。"

我睁眼至凌晨才睡着。

回到学校我就病了。发烧，撑着不肯落课，只觉头重脚轻，终于栽倒在教室。

醒来时，我躺在医院里，在挂吊瓶，哲野坐在旁边看书。

我疲倦地笑："我这是在哪儿？"哲野紧张地来摸我的头："总算醒了，病毒性感冒转肺炎，你这孩子，总是不小心。"我笑："要生病，小心有什么办法？"

哲野除了上班，就是在医院。每每从昏睡中醒来，就立即搜寻他的人，要马上看见才能安心。我听见他和叶兰通电话："天天病了，我这几天都没空，等她好了我跟你联系。"

我凄凉地笑，如果我生病就能让他天天守着我，那么我何妨长病不起。

住了一星期医院才回家。哲野在我房门口摆了张沙发，晚上就躺在上面，我略有动静，他就爬起来探视。

我想起更小一点儿的时候，我的小床就放在哲野的房间里，半夜我要上卫生间，就自己摸索着起来。但哲野总是很快就听见了，帮我开灯，说："天天小心啊。"一直到我上小学，才自己睡。

叶兰买了大捧鲜花和水果来探望我。我礼貌地谢她。她做的菜很好吃，但我吃不下。我早早就回房间躺下了。

我做梦。梦见哲野和叶兰终于结婚了，他们都很年轻，叶兰穿着白纱的样子非常美丽，而我这么大的个子充当的居然是花童的角色。哲野微笑着，就是不回头看我一眼，我清晰地闻到新娘花束上飘来的百合清香……我猛地坐起，醒了。半晌，又躺回去，绝望地闭上眼。

黑暗中我听见哲野走进来，接着床头的小灯开了。他叹息："做什么梦了，哭得这么厉害？"我装睡，然而眼泪就像漏水的龙头，顺着眼角滴向耳边。哲野温暖的手指一次又一次去抹那些泪，却怎么也停不了。

这一病，缠绵了十几天，等痊愈，我和哲野都瘦了一大圈。他说："还是回家来住吧，学校那么多人一个宿舍，空气不好。"

他天天开摩托车接送我。

脸贴着他的背，心里总是忽喜忽悲的。

以后叶兰再也没来过我们家。过了很长很长一段时间，我才确信，叶兰也和那女老师一样，是过去式了。

我顺利地毕业，就职。

我愉快地生活，没有旁骛，只有我和哲野。既然我什么也不能说，那么就这样维持现状也是好的。

但上天不肯给我这样长久的幸福。

哲野在工地上晕倒，医生诊断是肝癌晚期。我痛急攻心，却仍然冷静地问医生："还有多少日子？"医生说："一年，或许更长一点儿。"

我把哲野接回家。他并没有卧床，白天我上班，请一个钟点工看护，中午和晚上，由我自己照顾他。

哲野笑着说："看，都让我拖累了，本来应该是和男朋友出去约会呢。"
我也笑："男朋友？那还不是万水千山只等闲。"

每天吃过晚饭，我和哲野出门散步，我挽着他的臂。除了比过去消瘦，他仍然是高大俊逸的，在外人眼里，这何尝不是一幅天伦图，只有我，在美丽的表象下看得见残酷的真实。我清醒而悲伤，清晰地看见我和哲野最后的日子在一天天飞快消失。

哲野照常生活，看书，设计图纸。钟点工说，每天他有大半时间待在书房。

我越来越喜欢书房。饭后总是各泡一杯茶，和哲野相对而坐，下盘棋，打一局扑克，然后帮哲野整理他的资料。他规定有一摞东西不准我动。我好奇，终于一日趁他不在时偷看。

那是厚厚的几大本日记。

"天天长了两颗门牙，下班去接她，摇晃着扑上来要我抱。"

"天天10岁生日，许愿说要哲野叔叔永远年轻。我开怀，小天天，她真是我寂寞生涯的一朵解语花。"

"今天送天天去大学报到，她事事自己抢先，我才惊觉她已经长成一个美丽少女，而我，垂垂老矣。希望她的一生不要像我一样孤苦。"

"邱非告诉我叶兰近况，然而见面并不如想象中令我神驰。她老了很多，虽然年轻时的优雅没变。她没有掩饰对我尚有剩余的好感。"

"天天肺炎，昏睡中不停地喊我的名字，醒来却只会对我流眼泪。我震惊，我没想到要和叶兰结婚对她的影响这样大。"

"送天天上学回来，觉得背上凉飕飕的，脱下衣服检视，才发现湿了好大一片。唉，这孩子。"

"医生宣布我的生命还剩一年。我无惧，但天天，她是我的一件大事。我死后，如何让她健康快乐地生活，是我首要考虑的问题。"

……
我捧着日记本，眼泪扑簌簌地掉下来。原来他是知道的，原来他是知道的。

再过几天，那摞本子就不见了。我知道哲野已经处理了。他不想让我知道他知道我的心思，但他不知道我已经知道了。

哲野是第二年春天走的。临终，他握着我的手说："本来想把你亲手交到一个好男孩儿手里，眼看着他帮你戴上戒指才走的，来不及了。"

我微笑。他忘了，我的戒指，20岁时他就帮我买了。

书桌抽屉里有他的一封信，简短的几句："天天，我去了，可以想我，但不要时时以我为念，你能安宁平和地生活，就是对我最大的安慰。叔叔。"

我并没有哭得昏天黑地的。

半夜醒来，我似乎还能听到他说："天天小心啊。"

整理书房杂物的时候，我在柜子角落里发现一只满是灰尘的陶罐，很古朴雅致。我拿出来，洗干净，呆了，那上面什么装饰也没有，只有四句颜体：君生我未生，我生君已老。恨不生同时，日日与君好。

到这时，我的泪，才肆无忌惮地汹涌而下。

八重樱下

Under the.

1934年，日本横滨的一所教会中学，老师叫他保罗，叫她苏珊娜。出了校门，同学们叫她小林加代，叫他大岛一兵。而他对她说："你最好还是叫我郑左兵，那是我父亲给我取的名字。"加代黑色的凤眼一低，浓浓的睫毛拂过，哈哈腰郑重地说："哈依。"

两个人一前一后地结伴回家，左兵在前，加代在后。他高高瘦瘦的个子晃晃荡荡地走，有一种桀骜不驯的气质。她虽然穿着学校制服，依然微微地弓着背，像那个时代典型的日本少女，踩着小碎步。要过那道桥的时候，他会站定，扶她一把，两人并肩走上十几步，下了桥，再一前一后地走。互相不说话，然而走得安然。

市场附近的那条街。街角，一株很大的八重樱。枝丫重重叠叠的，平日不惹眼，一开起花来，满树的绯红竟热闹出万种风情。走到树下，他站一站，等她赶上来，二人客客气气地说：
"再见。"然后他向右拐，进入一条青石板巷，回家。

她则继续往前走，二十几步就是她家的米店。女佣迎上来接过
她手中的书包，热情地向拉门里喊一声："二小姐回来啦！"

左兵家里，迎接他的只有母亲。

左兵的父亲郑孝仁是在中国和日本两地经商的广东人。他在
横滨开一家食杂店，专卖中国南货，生意很好，于是就在横滨买
下了16岁的大岛由纪子作为外室。

虽然谈不上感情，但由纪子日本式的温柔顺从较广东老家
的两房妻妾要让人舒心得多，所以两人生活一直很平和。郑孝仁
每年在日本住四个月，自从由纪子生下小左兵，就住五个月。他
在，由纪子穿戴整齐殷勤服侍；他不在，由纪子卸下钗环勤俭度
日。左兵4岁时，广东家中连着催请郑孝仁回去，这一回去就不知
怎么不回来了。

日本的生意由管家代做。由纪子每月去账房领一小笔钱，仅
够糊口。一年半载才收到信，信上没有称呼，只再三叮嘱好好照
料左兵。到了左兵该上学的年纪，就收到账房转来的一个红包，
包里有一沓钱，红纸上写：左兵的学费。

岁月如流，转眼左兵17岁了，在教会中学里是一贯优秀的学
生。因为是中国人，还因为没有父亲，他没少受同学的欺侮，但
是他不怕。他虽然瘦，然而禁打，也会发疯似的还击，渐渐地也

就有了名气。那一次，小林加代在校门口迎住他，说："放学后我们一起走好吗？我一个人走僻静的路，有些怕，拜托了。"其实，加代一向是由家中女佣接送的。左兵当时一口就答应下来，觉得有个弱小的日本女孩子居然请求自己的保护，是一件很有面子的事。

那时候，加代是情窦初开的少女，而左兵仍是未谙世事的少年。

每天清早，左兵走到巷口，远远地就会看见加代在樱树下等着，见了他，微微一笑，弯一弯腰，就跟在他的后面走。日久成了习惯。左兵喜欢下雨天，下雨天加代穿木屐，噼噼啪啪地在身后响着，有板有眼有韵律。雨大了，加代还会半踮着脚，在侧后方举着伞，给他遮一下。左兵喜欢加代那种半羞半喜的样子，觉得女孩子真好玩儿。

那一年的圣诞节，学校组织晚祷，允许大家穿校服以外的正式服装。左兵一出巷子，眼前竟是一亮：樱树下的加代穿了一件白底织淡淡樱花的和服，红底织银的襦袢，又因为雨丝霏霏，还撑着一把红色油纸伞。左兵第一次意识到加代有多美，不知怎的就心慌意乱起来，有一种马上想逃掉的冲动。少年的心啊，真是理不清楚。

1936年年底，市面上的流言已经很多，大批华人开始返国。在涌向码头的人潮中，左兵紧随着父亲的管家，觉得自己是一滴水。母亲哀恸地哭着，郑孝仁没有让她一起走，她抓着左兵的衣服，泣不成声。

将近中午船快开的时候，加代突然呜呜咽咽地出现在舱门前。她是临时知道消息的，费了一个上午的周折才找到这里。加代筋疲力尽，她扑跪在左兵面前，只说一句话："可是，郑君，我喜欢你啊……"一时间，左兵的心中一片茫然，好像雨中加代的木屐一下下地踏在了脑子里，每一下都无限悲凄地重复着："可是，郑君，我喜欢你啊……"

一直到多年以后，左兵才意识到加代说出这句话要有何等的勇气，无望中的坚持，不奢望结果的表白，在最后的时刻不顾一切，清清楚楚地说："我喜欢你啊。"

日本在左兵的记忆中，便是两个女人，头发凌乱、悲痛欲绝地站在细雨中的码头上，她们互相扶持，呼喊，可是一切都是无声的，背景上，一树重重叠叠的樱花，静静地如雨落下……

然后便是49个年头。左兵在中国流亡、读书、工作、娶妻、生子、丧父、解放、当"右派"、"大跃进"、平反、添孙、丧妻。和同时代的人们经历着差不多的悲欢，磕磕绊绊地，却也没什么值得过多抱怨。中日建交后，通过红十字会，他知道了母亲的下落：自1937年开始当看护，1946年死于疾病，简简单单，也没什么出乎意料的事情。倒是时常，他的记忆中会出现一种声音，但是想不起来是什么声音。他老了。

1985年，他因一些产权问题回了一次日本。中学时代的老同学去饭店看他，走时留给他一张名片和一个返老还童式的鬼脸——名片是加代的。于是，他终于记起了萦回在脑际的原来是加代的声音。加代扑跪在船舱中央，泪流满面，无限凄绝，无限热烈："可是，郑君，我喜欢你啊……"

他拨了加代家的电话号码，凭着一种冲动，这种冲动已经多年不见了。岁月冲走了许多东西，但是最纯净的留了下来，那因为缺憾造就的纯净。

没有惊叫、眼泪、叹息、懊悔和掩饰，平平淡淡，他约她出来喝茶，说："我回来了，茶社见好吗？"好像他不过昨天才离开，而一切均可以从现在开始。

她说："好的，但不必喝茶了吧，我实在不愿毁去我在你心目中的形象。你在樱树下等我，我会从你身旁走过，请别认出我……"他答应了。两个年近古稀的老人，在电话中平静地相约："再见，来生再相认，来生吧。"

正是樱花庄严凋落的季节，横滨一株古老的八重樱下，站着一位老人。他穿着租来的黑色结婚礼服，手中一大抱如血的玫瑰，49朵，距那个铭心刻骨的时刻，已有49年。老人站在如雨飘落的樱花中，向每一位路过的老妇人分发他的红玫瑰，同时微笑着说"谢谢"。49朵，总有一朵是属于她的吧，不管她现在消瘦还是富态，不管她现在儿孙满堂还是独自寂寞，不管她泪眼模糊还是笑意盈盈，此生此世，总会有一朵花是属于她的吧。老人遵守约定，不去辨认，只是专心致志地送着他的花。有的老妇人坦然地接受了，客气地道谢；有的老妇人满怀疑虑，可还是接下了，匆匆走过。老人信心十足地向每一位老妇人递过红玫瑰，他知道她会从他身边走过，她会认出他，她会取走一朵迟到了半个世纪的花。而来生，他们会凭此相认，一定。

流浪歌手的情人

1

走过地铁站的时候，我看见他坐在铺着一张报纸的地上，弹着吉他，深情地唱着水木年华的《再见了，最爱的人》，他的旁边还有一只雪白的波斯猫，懒洋洋地躺着。

我在旁边呆呆地听了很久。我刚失恋，这首歌触动了我的伤心事。我蹲下身，伸出手，把钱放在他旁边的报纸上。

他的衣服很破，尤其是牛仔裤，不少的洞，可是很干净，连同他的头发、他的手指，这是我看过的最干净的流浪人。

我站起身的时候，看见他的眼睛，讶异地盯着我。我茫然地转身，离开，好像他说了句什么，不过已经不再重要。

三月 ／ March ／　 There is always a cry that can let us grow up in a moment

出地铁站的时候，有人拉住了我的手，我转头，是流浪歌手。他扬了扬手里的十元钱："托你的福，我有钱吃饭了，我请你吃牛肉面好不好？"他的脸上是孩子般的笑容，明朗。鬼使神差地，我竟点了头。

在牛肉面馆，我们要了两碗牛肉面。他吃着面，越过碗沿偷偷看我。他说："我叫邵仕天，志薄云天的意思。你呢？"我们不过是萍水相逢，转眼就各奔东西。他很固执。我只好说："蒋小涵。"

2

走出牛肉面馆的时候，邵仕天说："小涵你帮帮忙好吗？帮我照顾我的猫波比。"波比一听这话，马上可怜兮兮地看着我。

我心一软就答应了，然后写了地址和电话号码给他。他说有空的时候来看波比。那天，我就莫名其妙地领着一只猫回家了。

这真是一只被宠坏的猫，我用猪肉拌饭，它竟然不吃，绝食。我只好去超市买了猫粮，还买了鲜鱼。看着波比吃得吧唧吧唧响的时候，心想，我服侍自己都没像对待这畜生这么细心。

邵仕天打电话过来："我想波比了，我在文化广场。"我牵着波比去见邵仕天。他在文化广场卖唱，围了很多人。"我只能一再地让你相信我／那曾经爱过你的人／那就是我／在远远地离开你／离开喧嚣的人群／我请你做一个／流浪歌手的情人……"

人群渐渐散去，我们坐在台阶上。"瞧，今天赚了不少钱，我请你吃饭去。"邵仕天得意地扬扬手中的一把钱，然后摸摸波比的头说："波比长胖了。"

我带邵仕天回家，他洗手做饭，系了围裙，戴了手套，开始在厨房里忙碌。时不时传来一阵阵声音，比如切菜的声音，汤"咕嘟咕嘟"响的声音，像他的歌一样，也是那么动听。

他做的饭菜真好吃，是厨师级水准。"也许你家是开饭店的？"

"好吃就多吃点儿，你那么瘦。下次给你炖参鸡汤。"我瞪大眼睛，还有下次？

"对不起，波比还托你照顾一下，我要离开一个星期左右。"他无辜地摊开双手，我到喉咙边的话又生生地咽了回去。

3

邵仕天抱着波比下楼，我只好跟在后面送他。"好了，波比，爸爸走了，你可要好好听妈妈的话。"他把波比一把塞到我怀里。

"妈妈？"等我反应过来，他已经大步走远了。我抱着波比上楼，一转身，就看见苏生站在楼梯旁。"蒋小涵，你还真不简单，我们才分手几天，这么快就有男朋友了？"苏生的脸上挂满嘲讽。

我冷冷地道："是又怎样？关你什么事？"苏生愣了一下，他没料到我会如此回应。在他的眼中，我一直是只绵羊，温顺地恋爱，温顺地分手，听他的一言一行，因为太爱他，所以迅速地沉沦，到头来却受伤最大。

苏生不甘心："一看就是小白脸儿。小涵，我警告你，离那种男人远点儿。"

我气愤，扭头就进了楼里。

第二天中午，有个穿着工作服的男人给我送来一束香水百合，打开便条，是邵仕天。心中有一阵细细的暖流，这个男人，自己风餐露宿，填饱肚子都不容易，却不惜为我花费，那是好久都没有过的感动。

第三天，苏生又来了。他说："小涵，我们好好说话。"他说，他是来重修旧好的，然后满眼热切地看着我。他满以为我会像以前那样温顺，高兴地答应。可惜，他想错了。

我说："对不起，我已经不再爱你了。"不是报复，也不是出气，而是不爱了，我们再也无法回到从前了。

4

邵仕天出手越来越大方，今天送来的是Diorissimo限量版的提包，明天就是安娜苏香水，还有名牌的鞋子等，都是邵仕天订好的。

我开始不安，怀疑他的钱来路不明。邵仕天打电话过来的时候，快活明亮的声音，永远像冬日的阳光。不知从什么时候，思念邵仕天已经成为我的习惯。可是，我和他在一起会快乐吗？正像苏生所说，小涵，你不适合做流浪歌手的情人。

我过的是精致的生活，穿香奈儿套装，用毒药香水，头发一丝不苟，然后朝九晚五上班，赚够了钱的时候去旅游，心血来潮的时候去电影院看电影。可是，我会和邵仕天一起去地铁站在别人的目光中弹唱吉他，然后在牛肉面馆吃一碗五元钱的牛肉面吗？也许一个月两个月我能坚持，可是，一辈子我能坚持吗？

5

所以，邵仕天说他要回来的时候，我开始惶恐，爱上不爱自己的人很悲哀，同样，爱上不该爱的人也悲哀。

邵仕天的声音依旧快活，他说："小涵，你猜我给你买了什么？"我说："难不成是钻戒？"邵仕天惊喜："小涵，你愿意嫁给我了？"

我说："我猪头啊，做流浪歌手的情人？一年去流浪几回还好，可是一辈子我做不到。"邵仕天笑："没有人要你一辈子啊。"

我气呼呼地摔了电话，这叫什么话？

摔完了电话，我接客户去大富豪酒店。吃饱喝足了，终于和客户谈好了业务。散去的时候，就在大富豪门口，我看见邵仕天西装革履，旁边是一个30多岁的极为富态的女人，他们一起坐上了停在那里的别克。

我目瞪口呆，脑海中一片空白。难不成他被富婆包养？怪不得他最近出手大方，一个在路边的流浪人，怎么买得起那些昂贵的东西？

心里冷成了一块冰。回到家，就抱着被子睡，睡得天昏地暗的。

门砸得山响，外面传来乞求的声音。我无能为力，我头痛欲裂，连呻吟也是微弱的。

过了很久很久，锁头哐当一声被砸开了，一阵杂乱的脚步，有人进来了。

6

在白色的病床上，邵仕天耐心地告诉我：大富豪是他爸开的酒店，那女人是他姐姐，他不是流浪歌手，是大地琴行的主人，偶尔心血来潮的时候去卖唱，播撒一些音乐的种子。

这是第九遍了。旁边病床上的小姑娘不乐意了："姐姐，我都听明白了，你怎么还不明白啊？你看哥哥讲得多累啊，我听都听累了。"邵仕天嬉皮笑脸的。

　　"拿来。"我把手一伸。

　　"什么？"

　　"戒指啊，猪头。"

半份礼物

Half of The Gifts

那一年我10岁，我哥哥尼克12岁。在我俩想来，这一年的母亲节，完全是个让我们激动不已的日子——我们要各自送给母亲一份礼物。

这是我们送给她的头一份礼物。我们是穷人家的孩子，要买这样一份礼物，可就非同寻常了。好在我和尼克很走运，出去帮人打杂儿都挣了一点儿钱。

我和尼克想着这件会让母亲感到意外的事，越想心里越激动。我们把这事对父亲说了。他听了，得意地抚摩着我们的头。

"这可是个好主意，"他说，"它会让你们的母亲高兴得合不上嘴的。"

从他的语气里，我们听得出他在想什么。在他们一起生活的这些年中，父亲能够给予母亲的东西真是太少了。母亲一天到晚操劳不停，既要做饭，又要照料我们，还要在浴缸里洗我们全家人的衣服，而且对这一切她都毫无怨言。她很少笑。不过，她要笑起来，那可就是我们盼望的赏心乐事。

"你们打算送她什么礼物？"父亲问。

"我俩将各送各的礼物。"我答道。

"请您把这事告诉母亲，"尼克对父亲说，"这样她就可以乐呵呵地想着它了。"

父亲说："这样一个了不起的想法，竟出自你这么个小脑袋瓜，你可真聪明！"

尼克高兴得满面红光。随后，他把一只手放在我的肩头，说："鲍勃也是这么想的。"

"不，"我说，"我没有这么想过。不过，我的礼物会弥补这个不足的。"

之后几天，我们和母亲都在满心欢喜地玩着这个神秘的游戏。母亲干活时满面春风，假装什么也不知道，但脸上总是挂着笑容。我们家里充满着爱的气氛。

尼克找我商量该买什么礼物。

三月 ／ March ／ There is always a cry that can let us grow up in a moment

"我们谁也别说自己要买什么。"尼克说。他见我总也拿不定主意，实在不耐烦了。

　　我经过再三考虑，最后买了一把上面镶有许多亮闪闪小石子的梳子，这些小石子看上去就如同钻石一般。尼克很赞赏我的礼物，却不愿说出他买的是什么。

　　"等我选个时间，我们再把礼物拿出来送给母亲。"他说。
　　"什么时间？"我迷惑不解。
　　"说不准，因为这跟我的礼物有关。你就别再问什么了。"

　　第二天早上，母亲准备擦洗地板。尼克对我点头示意，然后我们就跑去拿我们的礼物。

　　我折转回来的时候，母亲正跪在地上，疲累不堪地擦洗着地板。她用我们穿烂了的破衣片，一点点地把地板上的脏水擦去。这是她最讨厌的活儿。

　　紧跟着，尼克也拿着他的礼物回来了。母亲一看到他的礼物，顿时脸色煞白。尼克的礼物是一只带有绞干器的新清洗桶和一个新拖把！

　　"一只清洗桶，"她说着，伤心得几乎语不成句，"母亲节的礼物，竟然是一只……一只清洗桶……"

　　尼克的眼睛里涌出了泪花。他默默无语地拿上清洗桶和拖把便向楼下走去。我把梳子装进我的衣袋，也跟着他跑了下去。他在哭，我也哭了。

我们在楼梯碰到了父亲。因为尼克哭得说不出话来，我便向父亲说明了事情的原委。

"我要把这些东西拿回去。"尼克抽抽噎噎地说。

"不，"父亲说着，接过了他手里的清洗桶和拖把，"这是一份很了不起的礼物，我自己应该想到它才对。"

我们又走到楼上。母亲还在厨房里擦洗地板。

父亲二话没说，用拖把吸干了地上的一摊水，然后又用清洗桶上附带的脚踏绞干器，轻快地把拖把绞干。

"你没让尼克把他要说的话说出来，"他对母亲说，"尼克这份礼物的另一半，是从今天起由他来擦洗地板。是这样吗，尼克？"

尼克明白了其中的道理，羞愧得满面通红。"是的，啊，是的。"他声调不高却热切地说。

母亲体恤地说："让孩子干这么重的活，会累坏他的。"

到了这个时候，我才看出父亲有多么聪明。"啊，"他说，

"用这种巧妙的绞干器和清洗桶，肯定要比原先轻松得多。这样你的手就可以保持干净，你的膝盖也不会被磨破了。"父亲说着，又敏捷地示范了一下那绞干器的用法。

母亲伤感地望着尼克说："唉，女人可真蠢啊！"她吻着尼克。尼克这才感到好受了一些。

接着，父亲问我："你的礼物是什么呢？"

尼克望着我，脸色全白了。我摸着衣袋里的梳子，心里想，若把它拿出来，尼克一定会难堪的。

于是我说："一半清洗桶。"

尼克松了一口气，用感激的目光望着我。

四月

April

15岁，她写信告诉他，她和父母吵架了，他回信安慰她；

18岁，她写信告诉他，她考上了，他回信夸她；

21岁，她写信告诉他，她失恋了，他回信鼓励她；

24岁，她写信说她要结婚了，他回信祝福她；

27岁，她写信说她当妈妈了，他回信恭喜她；

30岁，她写信说她讨厌的父亲去世了，他再也没有回信。

子欲养而亲不待

Time do not wait for you to filial piety.

　　昨夜我又梦到父亲了，我正在单位开会，他突然就出现在会议室门外，一脸憔悴凄凉……父亲去世已经两个月了，一想起他临终前大颗滚落的眼泪，我就像掉进了逃不出的心罚。

　　那天晚上养老院打来电话说父亲病重时，我正在参加同学聚会。当时，气氛很热烈，我喝了不少酒，微醺中，我对同学说："我父亲没事，接到这样的电话不是一次两次了。"当我带着酒气赶到医院时，父亲已进入昏迷状态。养老院的人说，父亲是撑着最后一口气在等我。看见我，父亲虚弱地张张嘴，纵有千言万语，已说不出一个字来，大颗大颗泪珠从他的眼角滚落，之后，他疲惫地闭上了眼睛，再也没有醒来。我那种椎心的痛和自责，无人能够理解。

　　五年前，父亲因病生活不能自理。母亲已经去世了，照顾父亲就成了我沉重的负担。可能是因为有病吧，父亲的脾气变得

　　There is always a cry that can let us grow up in a moment

很古怪。进养老院前的三年里，我先后给父亲找过八个保姆。有时我晚上下班到家，正要给孩子做饭，保姆就来电话了，说父亲又发火了，不肯吃饭。我要是有一天不去看父亲，他就和保姆闹腾，他说："还是丫头做的饭好吃。还是丫头贴心。"

先生在北京工作，我的工作压力也很大。我每天晚上安顿完父亲，回到家孩子已经睡了，日复一日，一年下来，我累得半死，人瘦了好多。我的小家庭进入无序状态，先生也开始抱怨。

2006年年底，我心中的烦累达到了顶点。我就和国外的大哥商量，推说我身体不好，想把父亲送进养老院。大哥同意了。事实上，因为不能在父亲身边尽孝，大哥一直对我满怀愧疚。那天他打电话劝父亲去养老院时，父亲一直沉默。后来大哥说，妹妹身体不好，时间长了会把妹妹累垮的；再说，也会影响她的家庭和睦。父亲哭了，他说："我糊涂呀，我拖累丫头了。"

就这样，因为我们经济条件尚好，也为了花钱买心安，弥补感情上的"欠债"，我给父亲选择了一家很好的养老院。

同一个房间的大爷对父亲说："完了，这辈子完了，孩子不要咱们了。"

父亲是个要面子的人，当然也是怕我难过，他说："没什么，老哥，既然孩子们小的时候要送到幼儿园，为什么咱们年纪大了就不能送到养老院呢？孩子们也不易，让咱们住到这么好的养老院就是孝顺呢。"

我想起当年父亲送我上幼儿园的情形，第一次去我特别不适应，父亲便一直把我抱在怀里，直到进了教室，他这才依依不舍把我交给老师。刚开始那几天，我总是哭闹，父亲每次都要站在幼儿园的栅栏门外，看我玩一会儿再离开。

那天，初到养老院，曾经在家里顶天立地的父亲，像个无助无奈的孩子。想到这里，我再也忍不住了，从身后抱住父亲，泪如泉涌……父亲忍住泪，拍拍我的头，对同屋的大爷说："丫头舍不得我来，是我自己非要来的。"

把父亲送进养老院的两个月后，我竞聘当上了一个部门的主管，总得加班。先生在北京工作，根本顾不了家事，孩子的学习成绩不理想……我没有多余的精力去照顾父亲。坦白地说，很多时候，我去养老院看父亲都是敷衍了事，怕别人说我把老人扔进养老院不管了。

如今，失去父亲的痛和内心的拷问，沉得就像一座大山在我的心头。有时在路上看到养老院的牌子，我也会忍不住泪流满面。

同学聚会那天我穿的那身衣服，被我压在了柜底。聚会的头一天，原本是我和父亲约好去看他的日子。但是因为聚会，因为会见到那个我曾经心仪后来错过的男人，我在大街上流连，买了一天的衣服。转天上午，本来还可以去看父亲的，我却打电话跟父亲说单位有急事要加班，事实上，我在美容院里做了一上午的皮肤护理。我不知道那就是和父亲的最后一次说话。几个小时后，我失去了父亲。

现在我想孝敬父亲，却再也没有机会了。"树欲静而风不止，子欲养而亲不待。"

用泪水和心声写给你，
我亲爱的爸爸

For you, with tears and heart to write, my dear dad.

就在那个飘雪的初冬。

爸爸，你，就这样静静地走了，没有留下一句话。

我永远都不会忘记，那是在2002年11月18日的初冬，一个飘雪的冬天。你就在那天，永远地离开了我们，离开了与你相依为命几十年的亲人，我们，还有母亲。

你走得那样安静，没有留下一句话，我太想知道，在你离开我们的那一刻，你是否留恋我们，舍不得我们？为什么就这样急急地走了？

看到你再也无法直立的身体，你静静地躺在那个冰冷的冬天里，我能感到你身体已经没有了生的气息，再也没有了平时对我们没完没了的唠叨声，你真的就这样永远地安静了，再也没有了声息。

爸爸，你真的不知道，就在那个时刻，我的大脑是完全空白的，没有了思维，没有了思想。

我很想知道，是飘雪的冬天让你离开了我们，还是那无情的病魔让你走得这样突然。

那是几天前和你最后一次通话，现在回想起来，你电话里依依不舍的语调真的让我心里发酸，但当时我浑然不觉。因为我没有想到，你的离去竟然就在几天之后的那个飘雪的冬天。

爸爸，很久没有这样叫你了，十年一梦，每一天，在忙碌了一个喧嚣的白天之后，在安静无眠的夜晚，你的音容就在我的脑中不停地打转，我无法抹去对你日夜的思念，因为我真的爱你，爸爸，我从心里爱你。

没有人知道，你的离去带给我多少伤悲、多少泪水！让我一个人在想念中整整哭泣了四年，四个365天啊！

整整四年，我的脸上没有一点点笑容，我每一天都沉浸在一种无法自拔的哀伤之中，你的每一个忧伤的眼神，你的每一句满带无奈的话语，都深刻在我的脑中，留给我的是永远冰冷的泪滴和心酸无眠漫漫长夜中的思念。

爸爸，亲爱的爸爸，你一个人，在那个没有亲人的世界里，寂寞，孤独，寒冷和思念，伴随你整整十年了，你还好吗？真的很想知道你过得好不好，很想知道你在那个我们不知道的世界里，过着怎样的生活，你知道我多想跟你通一次话啊！多少次梦中的相见让我泪流满面，在多少个漫漫长夜里，我的心被哀伤吞噬着，没人理解内心的冷暖。

你的那个世界里，是否也有阳光呢？你的那个世界里，是否还有笑声，有我们在一起时的吵闹声？让我心酸的是，现在我们连吵闹声都没有了，这在今天竟然变成了一种绝望中的奢望。

爸爸，你长眠在那冰冷的泥土中，将我的心带入了那个不为人知的死寂中，这人世间的生离死别，真是残酷，真是一种让人断肠的苦涩。我真的憎恨"死亡"这个字眼，如果没有死亡，就不会有离别，没有离别，就不会有那刻在心头的伤痛！

爸爸，我真的很想你，很想你，很想你。你距离我们太遥远了，阴阳之隔的遥远，将期盼变成了绝望。

爸爸，亲爱的老爸，在无眠的长夜里，我会带着伤感，带着甜蜜，来回味儿时分分秒秒陪伴在你身边的日日夜夜，那时，我们没有任何忧虑，每一天都是阳光灿烂的日子，几十年的陪伴，让我有了更多的依赖和依恋。我知道，你和妈妈的日子，就是为了我们而过的。真的是可怜天下父母心！

爸爸，你还好吗？我真的很想你听到我心底对你深切的呼唤，我很想去看望你，哪怕一眼也好啊，但这真是妄想，我期待我们在那个世界重逢的一天，我会好好地拥抱你，将我所有的泪水和想念全部倒给你。

爸爸，我们会见面的。

不要吝啬 "我爱你"

Don't scruple to say "I love you".

我为成人大学上课时，曾经给全班布置过一个家庭作业，内容是："在下周以前去找你爱的人，告诉他们你爱他（她）。那些人必须是你从没对他（她）说过这句话的人。"

这个作业听起来并不难，但是你得明白，这群人中大部分超过35岁，他们从不轻易表露情感。他们那个时代成长起来的人，既不会在别人面前落泪，也不会表露情感，他们认为成熟的人就应该那样，所以对某些人而言，这真是一个令人无法接受的家庭作业。

下一堂课开始前，我问是否有人愿意分享自己的"作业"。有个男人举起了手，他看来深受感动，而且有些紧张害怕。

他从椅子上站起来说："老师，上星期你给我们布置这个家庭作业时，我非常生气。我并不感觉我要对什么人说这些话。还有，你是什么人，竟敢让我去做这种私人的事？但是当我开车回家时，我的意识开始对我说话——它告诉我，我确实知道我必须向谁说'我爱你'。自打五年前父亲与我交恶，这事一直没有真正解决。我们避免遇见对方，除非在圣诞节或家庭聚会非见面不可。

"即使见面，我们也几乎不交谈。所以，上周二我回家时，我跟自己说，我要告诉父亲我爱他。说来也怪，做出这个决定后，压在我胸口的重量似乎就减轻了。我一回到家，就冲进卧室告诉太太我要做的事。她已经睡着了，但我还是叫醒了她。当我把这一决定告诉她时，她紧紧抱着我。自从我们结婚，这是她第一次看见我哭。

"我们聊天、喝咖啡到半夜，感觉真棒！第二天，我一大早就精神奕奕地起床了。我太兴奋了，几乎整夜未眠，很早就赶到办公室，两小时内做的事比从前一天做得还要多。上午九点，我打电话给父亲。他接电话时，我只是说：'爸，今天我可以过去吗？有些事我想告诉你。'父亲用暴躁的声音回答：'又是什么事？'我向他保证不会花很长时间，他终于同意了。

"下午五点半，我到了父母家，按门铃，祈祷父亲会出来开门。我怕是母亲来开门，而我会因此怯懦，干脆告诉她代替算了。幸运的是，父亲来开了门。我没有浪费一丁点儿时间，一踏进门就说：'爸，我只是来告诉你，我爱你。'父亲似乎变了一个人，他的脸变得柔和了，皱纹消失了。他开始哭了，伸手拥抱我说：'我也爱你，儿子！而我竟没能对你这么说！这一刻如此

珍贵，我一点儿也不想离开。'

　　"父亲和我又拥抱了一会儿，长久以来，我很少感觉这么好过。但这不是我发言的重点。两天后，从没告诉我他有心脏病的父亲忽然发病，在医院里结束了他的一生。我并不知道他会如此，所以我要告诉全班同学的是，你知道必须做的，就不要迟疑。如果我迟疑着没有告诉父亲，可能就没有机会了！把时间拿来做你该做的，现在就做！"

传递一个心愿

Send a Wish

　　乘坐出租车时，司机问我："你有没有看过一档节目，讲一个小女孩儿用小熊玩具，完成她爸爸生前的心愿？"

　　"没有。"我有些敷衍地回答，对这个外形粗犷的出租车司机并无好感。

　　"很好看呢！我跟你讲，那个小女孩儿的爸爸身患重病，快要死掉了。小女孩儿也有病，但没有爸爸那么严重，她爸爸安慰她说，等病好一点儿，就带她一起去环游世界！"

　　出租车司机见我开始有点儿兴趣，继续认真地讲给我听："可是，她爸爸不久就死掉了，小女孩儿很伤心。不过，想起爸爸环游世界的旅行计划还没有实现，她就想了一个办法，要替爸爸完成心愿！她把她的小熊当成爸爸，然后在小熊身上写上爸爸和自己的名字，希望拿到这只小熊的人，可以交给下一个旅行的人，继续带着小熊走下去。"

司机回过头对我解释："就是将那只熊交给旅行的人，然后一个传一个，让小熊可以去环游世界的意思。前一个人传给后一个人，不论认识与否，不论国籍语言，只是携带小熊走一段旅程，完成传递的心愿。"

出租车司机接着说，那个节目的制作单位把小女孩儿请到节目现场，让小女孩儿接听一个从德国打来的电话，让对方亲口告诉小女孩儿——

小熊已经旅行了17个国家，目前正在德国旅行。

小熊很干净，也多了许多小装饰。

小熊平安，所以爸爸、女儿也平安！

环游世界的旅行会继续走下去，请小女孩儿放心。

听完，小女孩儿跪了下来，哭着感谢电话中的陌生人，还有替她实现心愿的制作单位。

"小女孩儿的气色很差，看来也好像快要不行了，但是……我看到她的眼泪是……快乐的！"说到这里，出租车司机的声音也有些哽咽。

我递了一张面巾纸给司机，自己的鼻子也酸得要命。

看着如此粗线条的司机，竟然说出了这样令人动容的故事，我感到很惭愧。

原来，这个社会处处充满着可爱的草莽人物！

也正是因为有这些坚强的草根性的基础族群，才让这片土地生生不息！

下了车，我目送着出租车消逝在深夜的街头。

感谢司机的这个小故事，让我从自命不凡的骄纵回归平实，让我在焦虑不安的工作情绪中渐趋宁静。

就让浮夸和莫须有的计较都由风日去消解吧。

而让人际关系之间，再多留一点儿纯真的爱心吧！

人生，不会有无尽的时间……

我们在人海里，悄悄走散

We become separated quietly in the sea of people.

父亲是三天前的一个下午来的，当时无人在家，他搁下背篓，蹲在门口抽叶子烟。傍晚，楼上的张婆告诉我，她下楼撞见父亲，以为是盲流，呵斥他走开。父亲惶惶不安："这是我儿的家呢！"我向父亲求证此事时，父亲正在厨房择菜。他像犯了错的孩子，局促地站起来，搓着双手，目光游移，嗫嚅着："下次，我一定穿周正一点儿。"我本是怕父亲的心灵受到创伤，欲安慰他一番的，岂料他不但没有半点儿委屈和愤慨，反而为自己丢了我的脸而深感愧疚。我心里有种说不出的痛。

家里不宽敞，我们把父亲和儿子安排在同一间屋里。父亲进屋不久，我就听见巴掌落在脸上的声音，开门一看，见儿子正大吵大闹："你脏，你脏，不准你亲我，滚出去！"父亲不知所措地捂着脸。

我对儿子动了武，大怒："他是你爷爷，你爸爸的爸爸，我是他一手养大的，你知道吗，小子？"

听到儿子的哭声，妻子一把把他抱过去，对我怒目而视。

父亲垂着手，呆呆地站在一旁，又像犯错一般。

夜已深，我还听见隔壁父亲辗转反侧的声音。

次日早晨，妻子用不友善的腔调提醒父亲："茶几上有好烟，有烟灰缸，别抽叶子烟，别乱抖烟灰。别动音响，别动煤气灶，别动冰箱，别动电视……"父亲谦卑地说："就是叫我动，我也动不来的。"中午我和妻子回来，看见满地的水，父亲正蹲在地上，拿着帕子，手忙脚乱地擦地板。妻子一甩手进了卧室，"砰"的一声关了门。

父亲立即又像做错事一般，不知所措起来。我按按他的肩："爸，您想帮我们拖地板是吧？"父亲点头。我便拿出拖把，给他示范了一番，然后交给他："您试试。"父亲拖净了剩下的半间客厅。他看了一遍又一遍，然后望着我，一脸感激。

下午下了一场小雨，下班回来不见父亲，妻子顿时火冒三丈，对我大发脾气。我和她唇枪舌剑，互不相让。正斗至酣处，门铃响了，父亲站在门口——湿漉漉的头发搭在满是皱纹的额头，松树皮一样的手提着一只塑料袋。他鞋也没脱就进了屋。妻子哼了一声，又进了卧室。我说："爸，吃饭吧！"父亲说："吃吧，吃吧，我孙儿呢？"孩子被妻子送到岳母家去了，若父亲知道内情，一定会伤心，我只得对他撒了一个谎。

父亲盯着我看了一阵子，若有所悟，默默地离开饭桌，打开身边的袋子，拿出两袋核桃粉、两瓶蜂糖、一袋健脾糕。父亲说："我去买东西了，不会买，也不知你们缺啥，就琢磨着买了这些。"父亲顿了顿，又说："蜂糖治胃病，你记着，一早一晚都要喝一勺；她是用脑的人，核桃粉补脑；孙儿胃口不好，瘦，就给他买了健脾糕，吃了开胃。"父亲最后从贴身衣兜里掏出一只塑料袋，说："这5000块钱是我卖鸡卖猪攒的，都攒三年了。我用处不大，你拖家带口的，用得着，拿着。我明天要回去了，你有空就回来，看看你妈和你爷的坟；没空回来，爸也不怪你，你们忙，单位纪律严着呢！"

说完父亲笑了一笑，摸出叶子烟，正要点，可能想起了妻子的嘱咐，又揣了回去，但舌头舔嘴唇的细节让他此时的烟瘾暴露无遗。我给父亲卷了支烟，也给自己卷了一支。我俩中间隔着张饭桌，面对面坐着，烟雾缭绕，都不说话。

父亲执意要走，他说他惦念屋边的塘，惦念塘边的田，惦念那条跟他一起走东家串西家的大黑狗，怎么留也不行。我决定叫辆出租车送他回去。富康车开到父亲身边，一生都没有坐过小车的父亲却不知怎么打开车门。他的手在车门上东摸西摸，一脸尴尬。我上前一步，弯下腰来，打开车门，服侍父亲坐进车，再为他关上车门。父亲伸出头来，一脸的幸福，他在为儿子的举止激动啊。他说："儿啊，爸算是村里最有福气的人了。"说完，抬手抹着眼圈，憨憨地笑着。

我顿时百感交集。我活在世上，活在城里，活在官场，曾在许多人面前弯过腰，为许多人开过车门，但从没有为父亲弯腰开过车门。我为别人开车门的时候，从没有像今天这样毕恭毕敬，表里如一。父亲是农民，我是干部；父亲是庄稼人，我是城里人。父亲这辈子已无法超越我的高度，但我有今天全仰仗父亲的奠基。父亲为我弯了一辈子腰，吃了一辈子苦，操了一辈子心，而我呢，仅仅为他开了一次车门，就让他心满意足感动异常……

车越开越快，望着父亲离这个人情淡薄的城市越来越远，突然有一种冲动让我心头一颤，泪水潸然而下……

爸爸的约定

The Provisions of The Father

可爱的妞妞：

　　爸爸和你玩了好多次捉迷藏，每次都一下子就被你找出来。

　　不过这一次，爸爸决定躲好久好久。

　　你先不要找，等你14岁（还要吃完10次蛋糕）的时候，再问妈妈，爸爸躲在哪里，好不好？

　　爸爸要躲这么久，你一定会想念爸爸，对不对？

　　不过，爸爸不能随便跑出来，不然就输了。

　　如果还是很想爸爸，爸爸就变魔法出现。

　　因为是魔法，不是真的出现，所以不犯规，爸爸不算输。

　　爸爸的魔法是：趁你睡觉的时候，跑到你梦里玩游戏；在你画爸爸的时候，不管好不好看，你觉得是爸爸，就是爸爸；当你拿爸爸的照片看时，爸爸也在偷偷地看你……

　　要记得，爸爸一直都陪着你！你已经是4岁的妞妞了。

　　爸爸要拜托你一件事，请你照顾和孝顺爷爷、奶奶、妈妈，看你是不是比爸爸以前做得好。有多好，妈妈会告诉你的。

　　There is always a cry that can let us grow up in a moment

爸爸猜想，我们这一次玩捉迷藏要玩这么久，爷爷、奶奶、妈妈有时候看不到爸爸，他们一定会偷偷地哭。

偷偷地哭就是犯规，你要帮爸爸逗他们笑，好不好？

从现在起，我们就比赛吧，看是你厉害，还是爸爸厉害。

准备好了吗，比赛就要开始了！

你亲爱的爸爸

即日

十年后女儿的回信：

最爱的爸爸：

爸爸，我找到你了！

爸爸你知道吗？

这些年，我很厉害呢，妈咪说我做得比爸爸你还要好呢！

爷爷、奶奶和妈咪犯规时，我都很努力的逗他们笑。

而且爷爷奶奶需要帮助时，我都有乖乖听你的话。

爸爸……我是不是赢了？

不要担心，我很勇敢。

因为我知道爸爸永远都在我身边看着我，

陪我哭、陪我笑、看我闹别扭。

你真的好厉害，你的魔法让我变的很坚强，让我变的更茁壮。

我很幸福，因为有爷爷、奶奶、你和妈妈陪着我！

我不孤单，爸爸也不会孤单，因为有我陪着你。

所以爸爸，你不用替我操心，我已经是个十四岁的大姐姐了，我已经懂事了。

爸爸你可以变作星星，在天上安心的看着我。

爸爸，我画了幅画，是我们全家呢！

你想我们的时候，就看着这幅画，

你想我的时候，我就变魔法，让你在我们的梦里来游玩。

爸爸，我真的好爱你。

可惜比赛结束了……

爸爸，我赢了……我是不是可以哭了？

爱你的姐姐

五月

May

而有一天，她的羽衣不见了，她换上了人间的粗布——

她已经决定做一个母亲。

——张晓风，《母亲的羽衣》

母爱，是一场重复的辜负

A mother's love, is a repeated abuse.

　　一个女人一旦做了母亲，便会爱自己最爱的人，然后辜负最爱自己的人。

　　外婆去世的时候，她16岁，第一次知道了什么叫伤心——伤心欲绝。

　　她一出生，外婆便和母亲一起照顾她，记忆中，那么多年，似乎是外婆的照顾更多一些。不是母亲不够爱她，而是外婆硬生生地要去分担——搂着她睡，半夜起来照顾她，一步步搀扶她学走路，甚至去了幼儿园，也是外婆早晚接送。

　　她爱外婆，也爱母亲，很难分清爱谁更多一些。所以，外婆走了，她那般难过，哭到歇斯底里，哭到失去力气，不睡觉，不吃饭，守着已经离去的外婆，不允许任何人靠近和带走。外婆终于被带走的时候，她发疯般地和人撕扯起来。父亲和母亲一人一边拉着她。她挣扎，太用力，衣服的袖子都被撕开，张大嘴巴却喊不出来——她已经哭到了失声。

外婆走后，母亲没日没夜地守着她，为她担心，和她一样吃不下睡不着。

可是母亲并不知道，那些天，她正在暗暗生母亲的气：母亲的母亲走了，可母亲似乎不为亲人的走难过，而是担心她。

母亲怎么可以这样，她想？外婆在的时候多么爱母亲，70多岁的老人了，还坚持做饭，打扫卫生，为的就是不让母亲辛苦。她记得很清楚，在她成长的岁月里，外婆对她说得最多的话就是："妞妞，长大了一定要对妈妈好，要让妈妈享福。"

那句话，她一直听到16岁。很小的时候，是天真地答应；大一些，外婆就会要求她认真地答应。只有她认真答应了，外婆才放下心来。母亲是成年人了，她不知道外婆究竟不放心母亲什么呢？于是有一次她忍不住问起来，外婆就叹气："我就是不放心你妈，在这些兄弟姐妹中，你妈最小，早产，身体是最弱的，小时候受的罪最多，有次犯病差点儿被我耽搁了……"她明白了，是因为外婆太爱母亲，大抵在外婆眼里，母亲永远都是那个最弱的，最需要被保护的孩子吧。

可是外婆这样爱着母亲，外婆走了，母亲却那样平静，这让她很生气，生气到心里甚至渐渐有了怨恨。

对她的疏远，母亲是不安而忧虑的，开始只当她是为外婆的去世难过，对她越发地好，甚至有点儿讨好她。可是母亲越讨好，她越觉出母亲对外婆的薄情。那天，当她再次将母亲放在她书桌边渐渐凉掉的牛奶沉默着端出去后，她觉得母亲哭了，一刹那，她有些悔意，毕竟，母亲对她足够好。

然后那天晚上，她睡下后，听到母亲悄悄走进来。她不想跟母亲说话，闭着眼睛装睡。母亲就在她床边坐了下来，她能感觉到母亲在注视她，一直注视着她，目光里有些犹豫，有些期待，又有些忧伤。那种可以清晰感觉到的目光，几乎让她快要装不下去了。毕竟，那是爱她的母亲，母亲从来都是爱她的。好在母亲坐了一会儿就站了起来。她偷偷睁开眼睛，看到母亲走到窗边，轻轻将窗帘的缝隙拉严。从窗户到门口，短短的几步，母亲走了好半天——屋里太黑，母亲怕弄出声响，几乎是挪出去的。

房门近乎无声关闭的那一刻，她的心软了下来，想起她一次次对外婆的承诺，她决定，结束对母亲的冷漠。

第二天早上，她醒来，起床前想了想，躺在床上大声喊了一声"妈"。

母亲几乎是立刻就推门进来了，眼神里有些慌乱，连声问她："怎么了？做噩梦了？"她摇头，笑笑，那是外婆去世后她第一次对母亲笑，然后用曾经对着外婆的有点儿撒娇的口吻说："妈，你做什么好吃的了？"因为激动，母亲的声音都有些轻轻颤抖："牛奶，荷包蛋，还有你爱吃的小粽子……"她伸个懒腰，装作若无其事地说一句"起床喽"。那顿饭，她吃得很多。

倒是母亲没动筷子，一直看着她吃，好像她饱了，母亲就饱了。

她和母亲的关系就这样恢复到从前。在没有了外婆以后，母亲的爱，甚至更加细致和妥帖起来。

高三，是她学习最紧张的一年。最后冲刺的几个月，母亲明显地消瘦，她忽然发现母亲的头顶中心的位置，钻出了一些杂乱却清晰的白发，她看着那些参差而清晰的白发愣住了。那天晚上，她忽然变得像个小孩子，坚持要母亲和她一起睡。母亲嗔怪她："你这孩子。"她嘻嘻地笑："妈，我答应过外婆，以后一定会对你好。"那是外婆走后，她第一次对母亲提起了外婆。

母亲忽然就哭了。

她和母亲再无了隔阂，就这样被宠着，呵护着，她长成快乐明媚的女子，毕业，工作，恋爱，结婚……人生一帆风顺。婚后半年，她怀孕了。在她怀孕的那年，刚刚50岁事业正好的母亲坚决办理了内退，照顾她，就像当初外婆照顾母亲那样。三个月产假过后，母亲坚持要自己带小宝，晚上也带着小宝睡，不让她受那份午夜三番五次爬起来给孩子喂奶的辛苦。转眼，小宝一岁了。小宝很依赖母亲，像她当年依赖外婆。

初夏的时候，单位组织了一次拓展训练活动，活动有个项目叫心路历程，其中有个小测试，教练让每个人都将自己的手指比喻成生命中最重要的人。五根手指，分别代表了女儿、母亲、父亲、自己和一个最好的朋友——外婆不在了，她没有兄弟姐妹，所以就这样排列了。

然后，教练要求压倒第一根手指的时候，她选择了代表朋友的小手指。毫无疑问，在友情和亲情间，她选择了亲情。下一个，她却为难了。父母、女儿和自己，都是不能失去的。可是活动要求必须压倒，万般为难，她选择了父亲。女儿还小，需要她照顾，没有父亲，她也会照顾母亲。再后来，她迟疑的时间更久，终于，她选择了自己。即使她不在，母亲可以照顾女儿。原来在她心里，她爱母亲也是胜过爱自己的。这让她欣慰。

但是，但是最后呢？在最后一个目标的舍弃中，她忽然感觉透不过气来，感觉万分难过：一个是母亲，养育了她并始终在照顾和爱护她的母亲，一个是女儿，自她生命中脱离而出的、年仅一岁的、除了依赖她还不会爱她的女儿。最终，在教练的一再催促下，她猛然地，将代表母亲的手指压倒下去了。那一刻，她心如刀割。

她想起和母亲同睡的那天晚上，她终于问出了那个压在心底的问题："妈，外婆去世的时候，你是不是也非常难过，但是你不想说？"

当时母亲显然愣怔了一下，沉默了片刻，说："外婆是妈的妈妈，妈当然难过，可是外婆不在了，妈还有你，就觉得坚强，觉得活着有劲，虽然伤心，但不觉得绝望。"

那时，她再也忍不住地泪流满面。无疑，世间最爱母亲的人是外婆，最爱她的人，是母亲。可是，她和母亲一样，都会为了爱自己的孩子辜负最爱自己的人，哪怕那辜负是无意的，是不情愿的。十年以后，做了母亲的她，终于理解了母亲说过的那四个字：爱往下走。每一个女人做了母亲，爱得再伟大也都存着自私，自私到不愿把爱分给他人，只愿全部交给孩子。她也一样，一样为爱自己最爱的人，辜负了最爱自己的人。

原来，母爱就是这样一场重复的辜负，而被辜负的人，永远无怨无悔。

一生

All One's Life

　　1岁的时候，她喂你吃奶并给你洗澡，而作为报答，你整晚地哭着。

　　3岁的时候，她怜爱地为你做菜，而作为报答，你把一盘她做的菜扔在地上。

　　4岁的时候，她给你买下彩笔，而作为报答，你涂了满墙的抽象画。

　　5岁的时候，她给你买了漂亮的衣服，而作为报答，你穿着它到泥坑里玩耍。

　　7岁的时候，她给你买了球，而作为报答，你用球打破了邻居的玻璃。

　　9岁的时候，她付了很多钱给你辅导钢琴，而作为报答，你常常旷课。

　　11岁的时候，她陪你还有你的朋友们去看电影，而作为报答，你让她坐另一排去。

　　13岁的时候，她建议你去把头发剪了，而你说她不懂什么是

There is always a cry that can let us grow up in a moment

现在的时髦发型。

14岁的时候，她付了你一个月的夏令营费用，而你却一整月没有给她打一个电话。

15岁的时候，她下班回家想拥抱你一下，而作为报答，你转身进屋把门插上了。

17岁的时候，她在等一个重要的电话，而你抱着电话和朋友聊了一晚上。

18岁的时候，她为你高中毕业感动得流下眼泪，而你跟朋友在外聚会到天亮。

19岁的时候，她付了你的大学学费又送你到学校，你却要求她在远处下车，怕同学看见笑话。

20岁的时候，她问你你整天去哪儿，而你回答："我不想跟你一样。"

23岁的时候，她给你买家具，布置你的新家，而你对朋友说她买的家具真糟糕。

30岁的时候，她对怎样照顾小孩提出劝告，而你对她说："妈，时代不同了。"

40岁的时候，她给你打电话，说今天生日，而你回答："妈，我很忙，没时间。"

50岁的时候，她常常患病，需要你的看护，而你为你的儿女在奔波。

终于有一天，她去世了，突然你想起了所有从来没做过的事，它们像榔头般痛击着你的心。

血色母爱

There will be a mother's love.

　　罗莎琳是一位还在读初中的13岁少女，她性格孤僻，胆小羞怯。她的内心如此封闭是有原因的，在她还不懂事时，父亲就逝世了，母亲索菲亚一手将她抚养大。因为贫穷，罗莎琳常常受到许多人的歧视和欺辱，这些都给她幼小的心灵投下了浓重的阴影。久而久之，她对母亲也开始心生怨恨，认为正是母亲的卑微才使她遭受如此多的苦难。索菲亚在一家清洁公司工作，每天起早贪黑地忙碌也只能拿到微薄的薪水，看到女儿的性格日益封闭，她心里也很难受，总想做些什么让女儿快乐起来。

　　2002年2月下旬的一天，索菲亚兴冲冲地回家对女儿说，为了表彰她的努力工作，公司要放她一个星期的假，她想带罗莎琳去阿尔卑斯山滑雪。出发前，索菲亚特意去商店买了两套银灰色的羽绒服，因为她觉得这种颜色跟雪最接近，而雪让人想到美丽和圣洁。

　　There is always a cry that can let us grow up in a moment

母女俩乘车到达了马特斯堡小镇的57号滑雪场。滑雪场俱乐部的老板佐勒先生看见索菲亚和罗莎琳都穿着银灰色的羽绒服，于是劝她们更换服装，他担心万一发生意外，救援人员难以在雪地中发现她们的身影。当索菲亚得知租用俱乐部的服装还需要缴纳一笔不小的费用时，一向节俭的她几乎没有任何犹豫就谢绝了佐勒先生的好意。

索菲亚和罗莎琳都不会滑雪，佐勒先生派了一名教练教了她们足足两个小时的滑雪技巧。辅导结束后，教练再三警告她们，在适合滑雪的地段都插上了彩色的小旗，只能在这些地方滑雪，而不能擅自离开路线，否则容易迷路，或是遭遇雪崩、棕熊等。但被兴奋冲昏了头脑的母女俩根本就没有把教练的警告当回事，她们的心完全沉醉在阿尔卑斯山那美丽而壮观的雪景中。

2月23日下午3点，索菲亚和罗莎琳像两只欢快的荆棘鸟，兴冲冲地出发了。她们的滑雪技巧并不好，但这并不妨碍母女俩的快乐心情。她们不停地在雪地里滑行、打滚、唱歌，仿佛完全忘记了贫穷生活带给她们的苦难和屈辱。在生活的重压下从来没有得到如此放松的索菲亚和罗莎琳越滑越兴奋，不知不觉偏离了插满彩色小旗的安全雪道，来到了一片没有任何标志的荒僻的雪坡。

索菲亚看了看手表，已经是晚上8点多钟了，但由于雪光的映照，天空仍然很亮。索菲亚决定和罗莎琳返回滑雪俱乐部，但是滑行了一个多小时后，她们惊恐地发现根本找不到来时插着彩旗的雪道了，她们自始至终只是在雪坡附近徒劳地兜圈子——她们迷路了。

索菲亚开始心慌起来，她和罗莎琳一边滑雪一边大声呼叫，希望有人能发现她们。但对雪地环境缺乏经验的母女俩不知道声音正是滑雪的大忌，在地形和情况都不熟悉的雪坡上行走或滑雪，必须特别注意避免发出较大的声响，否则就有可能引起可怕的雪崩。

突然，罗莎琳感觉脚下的雪地在轻微地颤抖，同时她听见一种如汽车引擎轰鸣般的声音越来越近。与此同时，索菲亚也感到了异常，她很快就意识到了什么，马上冲女儿大叫："糟糕！发生了雪崩！"索菲亚的话音刚落，一座小山似的雪块发出雷鸣般的响声，朝她们站立的地方飞速扑来。短暂时间里，索菲亚扔掉滑雪杖，拉着女儿的手连滚带爬地迅速奔向雪坡中部的一块巨大的岩石，她希望这块岩石能够使她们不被大雪埋葬。即使有巨石阻挡，狂暴的雪崩还是将躲在岩石后面的母女俩盖住了。几秒钟以后，罗莎琳就感到一股巨大的压力从身体上方传来，让她的胸膛疼痛欲裂，紧接着，她昏迷了过去。然而，不幸中的万幸是，那块起阻碍作用的岩石减少了雪压，并在母女俩的前面形成了一个空间，她们还不至于马上窒息，身体也能轻微地动弹。

罗莎琳不知道自己昏迷了多久，等她醒过来时，发现自己眼前一片漆黑，她正要张嘴叫喊，大团的雪粒就掉进了她的口中，呛得她剧烈咳嗽起来。

罗莎琳试着挪动自己的身体，她发现四肢还有知觉，而且可以轻微地移动，看来压在她身上的雪还不算太厚。她记得雪崩暴发前，她和母亲一起滚到了岩石后面，可是，现在她不知道母亲在哪里。因为担心雪水融化进入肺里导致呼吸衰竭，罗莎琳不敢张嘴叫喊，她只是拼命地用手指刨开身体四周的雪，使自己有更多的活动空间。

随着空间的不断拓展，罗莎琳感到呼吸顺畅了一些，她将原本仰着的头侧倾着，这样雪粒就不容易掉进嘴里了。接着，她开始呼喊母亲，但从口腔里发出的声音极其嘶哑和难听，然而，她还是听到了回音。她悲喜交加，再次用尽力气喊着："妈妈，你在哪里？"这次，罗莎琳不仅听到了更清晰的回音，而且感到右边的雪块在活动，原来，索菲亚就躺在离她不到一英尺的地方。罗莎琳奋力向右边挪动身体，然后艰难地伸出右手朝声音传来的方向刨着雪，终于，她握到了另一只冰冷的手！虽然母女俩看不清彼此的脸和身体，但能够紧紧地偎在一起，感受到对方温热的呼吸，这使罗莎琳心踏实了许多。

那块巨大的岩石确实起到了救命作用，它阻挡了本来可能压在索菲亚母女俩身上巨大的雪块，同时它和地面形成的空间给母女俩提供了宝贵的氧气。因为索菲亚和罗莎琳的身体不能自如活动，所以她们刨雪的进度很慢。罗莎琳的十根指头都僵硬麻木了，她还是没有看见一丝的亮光，仿佛她们正待在黑暗地狱的底层。就在罗莎琳快绝望的时候，她的左手突然触到一个鸡蛋粗的坚硬东西，凭感觉，那应该是一棵小树。

罗莎琳把自己的发现告诉了母亲。索菲亚惊喜不已，她要女儿用力摇晃树干，如果树干能够摇动，那就说明大雪积得不是太深。罗莎琳照着做了，树干能够摇动。索菲亚又叫她握住树干使劲往上挺直身体，但罗莎琳这样做很困难，氧气严重不足使她稍微一用力就气喘不已，头痛欲裂。然而，罗莎琳知道这也许是她和母亲脱险的唯一途径了，再耽搁下去，她们不因缺氧而死也会冻僵。她使出浑身力气一次次尝试，终于，随着一大片雪"哗啦啦"地掉下来，她看到了亮光。尽管是黑夜，但雪光仍然刺眼。罗莎琳艰难地站起身子，赶紧将母亲从雪堆里刨出来，然后母女俩筋疲力尽地坐在雪地里大口大口地喘着粗气。

由于滑雪杖早就不知扔到哪里去了，留着雪橇只会增加行走困难，索菲亚和罗莎琳松开绑带，将套在脚上的雪橇扔掉了。休息了一会儿后，她们决定徒步寻找回滑雪场俱乐部的路，但是，母女俩没想到的是，因为缺乏野外生存技巧，她们辨识不了方向，这一走就是三十几个小时！白天，索菲亚发现一架直升机从山顶上空飞过，她立即和罗莎琳欣喜若狂地朝飞机挥手，喊叫。然而，由于她们穿的是和雪色差不多的银灰色衣服，再加上直升机驾驶员担心飞得过低，螺旋桨的气流会引起新的雪崩，救援人员没有发现索菲亚和罗莎琳的踪影。

其实雪崩刚一发生，滑雪场附近的雪崩观察站就测量到了相关数据，并测算到了雪崩的准确位置。它位于离滑雪场大约45英里的费拉茨谷地，那是一个雪崩多发区。这次雪崩不是一次孤立的雪崩，它产生了连锁反应，由一次小型雪崩引发了一系列大型雪崩，受灾范围很广，想要找到失踪者的准确位置非常困难。自从索菲亚和罗莎琳母女迟迟未归，滑雪场俱乐部的老板佐勒先生就意识到她们出事了，于是赶快报警。

又一个寒冷的黑夜降临了。白天，母女俩发现了四五架救援直升机从天空飞过，但都没有人发现与雪地浑然一色的她们。索菲亚很后悔穿那套银灰色的衣服，但是她又不能脱下来，因为她外套里面的衣服也是浅色的，而且女儿里面的衣服也是浅色的，在这极寒的雪地里，只要将保暖的外套脱下来数分钟，人就会冻得失去知觉。母女俩跌跌撞撞地在深可没膝的雪地里艰难跋涉着，饥饿和寒冷紧紧地纠缠着她们。起初，她们还能说话，渐渐地，她们每说一句话就呼吸急促，心跳加快，为了保持体力，她们大部分时间保持沉默。夜晚，她们就相互依偎着打个盹儿，她们不敢睡着，怕一睡着就再也醒不过来。

再一次迎来白天的时候，母女俩又开始了跋涉。走着走着，体力不支的索菲亚一个趔趄栽倒在地上，脑袋碰上了一块埋在雪里的石头，鲜血立即涌了出来，染红了身前的一小片雪。索菲亚抓起一把雪抹在受伤的额头上，然后在罗莎琳的搀扶下站起来，突然，她的目光被脚下的一小片被血染红的白雪吸引住了。她怔怔地看着，若有所思，而罗莎琳获救后才深刻领悟母亲那一刹那的真实想法。母女俩继续在雪地里走着，但她们越来越虚弱，很多时候，她们不是在走，而是连滚带爬。罗莎琳终于走不动了，她和母亲彼此依靠着坐了下来，极度的疲劳和饥饿使她很快就伏在母亲的腿上进入了梦乡……

罗莎琳醒来的时候发现自己躺在医院里，她起先还以为是梦，但医生告诉她这是现实。她昏迷在雪地里，被救援人员发现，紧急送到了红十字医院。医生不无沉痛地告诉罗莎琳，真正救她的其实是她的母亲！救援人员在索菲亚的遗体旁发现了一块染满鲜血的岩石切片，而她的左手动脉被切开了。事后经过法医勘查现场，确定是索菲亚自己用岩石切片割断了动脉，然后在雪地中爬行了十几米的距离，目的是想让救援直升机能够在空中发现她们的位置。而救援人员正是看见了雪地上那道鲜红的长长的血迹，才意识到下面有人……

　　医生的话还没有说完，罗莎琳就痛哭起来。她一直以为做清洁工的母亲是极其卑微的，甚至曾以母亲的卑微为耻，但是在这一瞬间，她发现母亲是如此伟大！在这次雪崩灾难中，在迟迟得不到救援的生死关头，母亲以一种感天动地的行为，用自己脉搏里流淌的鲜血为女儿指引了生命的方向！罗莎琳终于心痛地明白，自己原来一直都拥有一份人世间最珍贵的财富，那就是比血还浓的母爱！

亲爱的宝贝儿，
我只是离开你一年零六个月

My dear baby, I only left you a year and six months.

　　我的妻子爱珍是在冬天去世的，她患有白血病，只在医院里挨过了短短的三个星期。

　　我带她回家过了最后一个元旦，她收拾屋子，整理衣物，指给我看放证券和身份证的地方，还带走了自己所有的照片。后来，她把手袋拿在手里，要和女儿分手了，一岁半的雯雯吃惊地抬起头望着母亲问："妈妈，你要到哪儿去？"

　　"我的心肝，我的宝贝儿，"爱珍跪在地上，把女儿搂住，"再跟妈妈亲亲，妈妈要出国了。"

　　她们母女俩脸贴着脸，爱珍的脸颊上流下两行泪水。

　　一坐进出租车，妻子便号啕大哭起来，身子在车座上匍匐、滑动。我一面吩咐司机开车，一面紧紧地把她搂在怀里，嘴里喊着她的名字，等她从绝望中清醒过来。但我心里明白，没有任何女人能够做得比她坚强。

妻子辞别人世二十多天后，从"海外"寄来了她的第一封家书，信封上贴着邮票，不加邮戳，只有背面注明日期。我按照这个日期把信拆开，念给我们的雯雯听：

"心爱的宝贝儿，我的小雯雯，你想妈妈了吗？妈妈也想雯雯，每天都想。妈妈是在国外给雯雯写信，还要过好长时间才能回家。我不在的时候，雯雯听爸爸的话了吗？听阿姨的话了吗？"

最后一句是："妈妈抱雯雯。"

这些信整整齐齐地包在一方香水手帕里，共有十七封，每隔几个星期就可以"收到"其中的一封。信里爱珍交代我们按季节换衣服，交代换煤气的地点，以及如何根据孩子的发育补充营养等。读着它们，我的眼眶总是一阵阵地发潮。

当孩子想妈妈想得厉害时，爱珍的温柔话语往往能使雯雯安安静静地坐上半个小时。逐渐地，我和孩子一样产生了幻觉，觉得妻子真是远在日本，并且习惯了等候她的来信。

第九封信，爱珍劝我考虑为雯雯找一个新妈妈，一个能够代替她的人。"你再结一次婚，我也还是你的妻子。"她写道。

一年之后，有人介绍我认识了现在的妻子雅丽。她离过婚，气质和相貌上都与爱珍有相似之处。不同的是，她从未生育，而且对孩子毫无经验。我喜欢她的天真和活泼，唯有这种性格才能冲淡一直笼罩在我心头的阴影。我和她谈了雯雯的情况，还有她母亲的遗愿。

"我想试试看，"雅丽轻松地回答，"你领我去见见她，看她是不是喜欢我。"

我却深怀疑虑，斟酌再三。

四月底，我给雯雯念了她妈妈写来的最后一封信，拿出这封信的时间距离上一封信相隔六个月之久。

"亲爱的小乖乖：告诉你一个好消息，妈妈的学习已经结束了，就要回国了，我又可以见到你爸爸和我的宝贝儿了！你高兴吗？这么长时间了，雯雯都快让妈妈认不出来了吧？……"

我注意着雯雯的表情，使我忐忑不安的是，她仍然在一心一意地为玩具狗熊洗澡，仿佛什么也没有听到。

我欲言又止。忽然想起雯雯已经快三岁了，她渐渐地懂事了。

一个阳光明媚的星期日，我陪着雅丽来到家里。

"雯雯，"此刻我能感觉到自己声音的颤抖，"还不快看看是不是妈妈回来了？"

雯雯呆呆地盯着雅丽，尚在犹豫。谢天谢地，雅丽放下皮箱，迅速走到床边，抱住了雯雯："雯雯，不认识妈妈了？"

雯雯脸上的表情瞬息万变，由惊愕转向恐惧。我紧张地注视着这一幕，接着，发生了一件我们没有预料到的事。孩子丢下画报，放声大哭起来，哭得满面通红，她用小手拼命捶打着雅丽的肩膀，终于喊出声来："你为什么那么久才回来呀？"

雅丽把她抱在怀里，孩子的胳膊紧紧揽住她的脖子，全身几乎痉挛。雅丽看了看我，眼睛里充满了泪水。

"宝贝儿……"她亲着孩子的脸颊说，"妈妈再也不走了。"

这一切，都是孩子的母亲一年半前挣扎在病床上为我们安排的。

六月

June

我遇到猫在潜水，却没有遇到你；

我遇到狗在攀岩，却没有遇到你。

我遇到夏天飘雪，却没有遇到你；

我遇到冬天刮台风，却没有遇到你。

我遇到了所有的不平凡，却一直遇不到平凡的你。

兔小白和兔小灰

The Small White Rabbit and Little Gray Rabbit

1

"兔小灰，我喜欢你了，怎么办？"

"喜欢下去。"

"可我们的肤色不一样，别的兔子会在背后说闲话的。"

"亲爱的小白，不要在乎闲话。身为兔子，我们只要在意背后的大灰狼就可以了。"

"可是兔小灰，你说，我们能找到属于我们的幸福吗？"

"找不找得到是以后的事了，先喜欢了再说。"

"如果就是找不到呢？"

"就算不能找到幸福，我也已经找到你了。兔小白，对我来说，你比幸福还重要。"

六月 ／ June ／

2

"兔小白，5300年前的9月23日这天早上8点钟，全世界几乎所有的兔子都在做同一件事，你知道这件事是什么吗？"

"难道是都在吃胡萝卜吗？"

"不对，它们都在呼吸。"

3

"兔小灰，你说，你究竟喜欢我哪一点呢？"

"每一点。"

"讨厌，你怎么也学会人类的那些花言巧语啦，我知道我有许多缺点，你不可能每一点都喜欢的。"

"那么，或许我喜欢的是你的优点，但我更宠爱你的缺点。"

"那在优点中，最最喜欢的是哪一点呢？"

"真的很难说出具体的哪一点。"

"为什么会很难？"

"因为喜欢又不是呈点状分布的。"

4

"兔小暖，你知道世界上哪两种动物最甜吗？"

"当然不知道啊，我是兔子，又没有吃过别的动物……"

"是大白兔和金丝猴。"

5

　　"有一天，兔小美的妈妈给她买了一只Hello Kitty和一只米老鼠。结果刚刚过了一个晚上，那只米老鼠就不见了。你知道发生什么事了吗？"

　　"难道是被小偷偷走了？"

　　"不对，它被Hello Kitty给吃掉了。"

6

　　"小灰，对不起，我又对你发脾气了。"

　　"想发脾气就发吧，没关系的。"

　　"你难道不生气吗？"

　　"不生气。"

　　"为什么不生气？"

　　"因为你有向我发脾气的权利啊，而我也有无论你怎么发脾气我都不生气的权利。"

　　"小灰，你真好。"

　　"嗯，其实也不能算好。"

　　"为什么？"

　　"因为这只是我施展的一个阴谋诡计罢了。"

　　"什么阴谋诡计？你最好快点儿告诉我，不然我又要发脾气啦！"

　　"从小我妈妈就教育我，当我喜欢上一只母兔子时，一定要慢慢培养她的坏脾气，最好让她的脾气坏到除了我和她的爸爸外，没有任何一只公兔子能忍受的地步，这样那只母兔子就再也没办法离开我了。"

"你妈妈好坏啊。"

"别怪我妈妈，她当初也是被我爸爸这么带坏的。"

"哼，我才不会被你带坏呢，既然你都说出来了，我就不可能再中你的阴谋诡计了。"

"真的吗？"

"当然是真的，兔小灰你听着，以后无论再发生什么事，我都不会再对你发脾气了。"

7

"兔小灰，为什么我向流星许了那么多愿望，却从来都没有实现过呢？"

"因为流星自己也不知道自己要飞去哪里啊。"

"真是这样吗？"

"我想是吧。因为流星只是被天空抛弃的星星罢了。"

"小灰，快看！流星……"

"小白，刚刚你又许愿了？"

"嗯，反正愿望是免费的嘛，又不用拿胡萝卜交换。"

"唉，这次你又许了什么愿？"

"我希望流星能找到它想去的地方。"

8

"兔小白，我可以告诉你不生病的秘密，但是要有代价……"

"快告诉我快告诉我，什么代价我都愿意接受。"

"多喝水，多吃水果，多呼吸新鲜空气，多晒太阳，加上好的睡眠。如果能让这些要素不远离你的生活，那病痛就会远离你。"

"另外，如果我说你生病不只是你一个人痛，你会不会觉得好受一些？"

"会……你的话我都记住啦。"

9

"小灰，为什么那只大兔子天天都要蹲在铁轨边呢？"

"你不知道吗？几个月前，它喜欢的另一只兔子在铁轨上玩的时候，被一列疾驰而来的火车撞死了。"

"那它从那天起，就一直蹲在铁轨边吗？"

"对啊，无论白天晚上它都蹲在那里。就算有时睡着了，一听到火车的汽笛声，它也会马上醒过来。"

"为什么啊？"

"因为它要数火车。"

"数火车？"

"嗯，一节一节地数，从它喜欢的那只兔子死后的第二天就开始了。"

"可为什么啊？为什么非要去数火车呢？"

"我想，它大概是借数火车来计算自己的悲伤吧。"

"兔小北，别在这里数什么火车了，我陪你回家去吧。"

"兔小灰你不用管我，我喜欢在这里待着，我只有在这里才会觉得安心。"

"你知道你在这里究竟待了多长时间了吗？"

"大概有好几个星期了吧。"

"什么好几个星期，你都待在这里三个多月了。"

"有那么久了吗？我都不记得了。"

"你当然不记得了，再过三个月，你大概连自己的名字是什么都不知道了。"

"不知道名字也没关系，我只要记得一样东西就可以了。"

"你还能记得什么？"

"13049。"

"13049？"

"对，我已经数过13049节车厢了。"

10

"小灰，你看那边那只胖兔子在做什么呢？怎么它一会儿躲在草丛里，一会儿又围着草丛转来转去的？"

"嗯，我想它大概是在玩捉迷藏吧。"

"奇怪，自己和自己也可以玩捉迷藏吗？"

"兔小白，没有谁规定捉迷藏就非要几只兔子一起玩的。"

"那它为什么不去找别的兔子一起玩呢？"

"可能是别的兔子都不愿和它一起玩吧。"

"那为什么别的兔子都不愿和它一起玩呢？"

"大概是看它只有自己也可以玩得很开心，所以就不忍心去打扰它了。"

"那它真的开心吗？"

"这个谁又能知道呢？我只知道一只自己和自己玩捉迷藏的

兔子，到了后来，是会越来越舍不得找到自己的。"

11

"小灰，我最近发现人类真的很笨。"

"怎么啦？"

"我常常听到人类说月亮代表我的心，可那些对着月亮起誓的人，难道不知道月亮是最善变的吗？他们难道都看不见的吗？"

"小白，有一种看不见叫作视而不见。"

"还有我常听到男孩儿说要为女孩儿摘星星，可如果一个男孩儿连星星都答应为你去摘，那他的话还有什么值得相信的呢？人类的女孩儿难道都听不懂这是谎话吗？"

"有一种听不懂是故意听不懂的。人类的恋爱说到底就是一种修辞术罢了，哪有我们兔子的爱情真挚。"

"嗯，所以说，人类的爱情果然是盲目的，幸亏我们兔子不是。"

"对，我们当然不是。"

"那，小灰，你喜欢我吗？"

"我当然喜欢你啊。"

"有多喜欢？"

"喜欢到全世界所有的向日葵都不再朝向太阳为止。"

"还有呢？"

"喜欢到全世界所有的卷心菜都开了心。"

12

"兔小灰，那个天天坐在树下面的人是谁啊？"

"听说是附近的一个农夫。"

"那他坐在树下面做什么呢？"

"哈哈，他是在等有哪只笨兔子能一头撞死在树上，他就把那只死兔子带回家做晚餐。"

"那个人的脑袋有问题吗？这种事哪能等呢？"

"他的脑袋本来没有问题的，只是从小他妈妈给他讲了太多童话故事，所以他才得了一种叫作童话妄想症的怪病。"

"得了这种病就会变得像他那样吗？"

"嗯，如果严重了就会这样，这个病最明显的病征，就是深信有些幸福只要你肯等待，它就一定会到来。"

13

"兔小灰，你说为什么那些植物看起来都如此快乐呢？好像只要有阳光和雨水，它们就能永远快乐下去似的。"

"兔小白，如果说植物是快乐的，那大概是因为它们每时每刻都只单纯地思考一件事情吧。"

"是什么事情呢？"

"它们只思考——如何不停地生长。"

"那我们兔子为什么常常看起来都这么不快乐呢？"

"因为我们兔子平时总是东张西望的，每当我们向前跑出了十步，就会忍不住回头张望一番。"

14

"小灰，你说，我会永远都待在你心里面吗？"

"我不知道。因为我觉得现在的你已经有一部分从我心里面溢出来了。"

"为什么为什么？难道你不喜欢我了吗？"

"不是不是，兔小白你别乱想。我会这么说，是因为我觉得你已经渐渐由我心的一部分延伸到了我身体的一部分了。"

"身体的一部分？"

"对，就是身体的一部分吧。有时当我静静地和你相偎在一起久了，甚至都感觉不到你的体温了，就好像我很难感受到自己的体温一样。"

"可就算这样，你还是没以前喜欢我了，对吗？"

"我不知道，我只知道以前如果没有了你，我的生命一定会变得残缺……"

"那现在呢？"

"若现在没有了，我会变成残疾。"

15

男孩儿失恋后养了一只小兔子，他每天都看着它吃饭，对着它说话，抱着它睡觉。一天，趁男孩儿熟睡，那只小兔子偷偷跑出去找到了兔族的巫师。"我想要变成一个人类的女孩儿。"小兔子向巫师请愿道。"我可以答应你的请求，但你必须付出相应的代价。"巫师说。"任何代价我都愿意接受！"小兔子说。于是巫师念动咒语，把小兔子变成了一个美丽的白衣少女。少女欣喜地跑了回去。等她走进卧室，却发现主人床上正躺着一只小灰兔。代价就是把你喜欢的人变成兔子？

16

"小灰，你为什么要对我那么好呀？"

"因为……因为我想收买你的回忆。"

"回忆也可以收买吗？"

"当然可以，一旦我收买了你的回忆，以后每次你想起我的时候，你所有的记忆都会帮我说好话。"

17

"兔小白，你还在难过吗？不如我给你念首诗吧？"

"好吧。"

"我开始念啦——'假如生活欺骗了你，不要忧伤，不要心急……'"

"这首诗是你写的？"

"不是不是，一个叫普希金的人类写的。"

"他写得真好，听你念完之后，我突然不那么难过了。"

"这就对了，不管怎么样，永远都要对生活保持积极乐观的态度。"

"我知道啦。对了，写这首诗的人后来怎么样了？"

"嗯……后来，他在一场同妻子情夫的决斗中被子弹射中肺部，悲惨地死去了。"

18

"兔小灰，听说最近有一只兔子和乌龟赛跑时输掉了。"

"真的吗？这只兔子也太不简单了吧，连乌龟都能输。"

"听说跑完比赛后，这只因为轻敌输掉比赛的兔子难过得都三天没吃东西了。"

"这只兔子果然很笨，而且一点儿也不公平。"

"怎么不公平啦？"

"明明是脑子犯的错，却要惩罚自己的肚子。"

"小灰，你也太没有同情心了。你不觉得身为一只兔子，输给乌龟是一件再悲惨不过的事了吗？"

"悲惨吗？其实从长远来看，我们兔子总是要输给乌龟的吧。"

"怎么会呢？"

"一只兔子最多只能活十几年，可一只乌龟最多能活几千年，它在大地上爬过的总路程一定会是我们兔子的好几千倍。如果不是参加千米赛跑，而是以谁能行走的路程最长来计算，兔子一定会输给乌龟的。"

"讨厌的小灰，我被你说得都有些难过了。"

"小白，你可不准难过。"

"为什么？"

"就是因为生命留给我们的时间太短暂了，我们哪还有时间去难过。"

"那好，兔小灰，我听你的，以后我们谁再难过谁就是乌龟。"

"亲爱的小白，每一天都是百年一遇的。"

活了一百万次的猫

A Cat Lived One Million Times

有一只活了一百万次的猫，它死了一百万次，也活了一百万次。但猫不喜欢任何人。

有一次，猫是国王的猫。国王很喜欢猫，做了一只美丽的篮子，把猫放在里面。每次国王去战斗，都把猫带在身边，不过猫很不快乐。有一次在战斗中，猫中箭死了。国王抱着猫，哭得好伤心好伤心，但是猫没有哭，猫不喜欢国王。

有一次，猫是渔夫的猫。渔夫很喜欢猫，每次出海捕鱼，都会带着猫，不过猫很不快乐。有一次在捕鱼时，猫掉进海里。渔夫赶紧拿网子把猫捞起来，不过猫已经死了。渔夫抱着它哭得好伤心好伤心，但是猫并没有哭，猫不喜欢渔夫。

有一次，猫是马戏团的猫。马戏团的魔术师喜欢表演一个魔术，就是把猫放在箱子里，把箱子和猫一起切开，然后再把箱子合起来，而猫又变回一只活蹦乱跳的猫，不过猫很不快乐。有一次魔术师在表演这个魔术时，不小心将猫真的切成了两半，猫死了。魔术师抱着切成了两半的猫，哭得好伤心好伤心，不过猫并没有哭，猫不喜欢马戏团。

有一次，猫是老婆婆的猫。猫很不快乐，因为老婆婆喜欢静静地抱着猫，坐在窗前看着行人来来往往，就这样过了一天又一天，一年又一年。有一天，猫在老婆婆的怀里一动也不动，猫又死了。老婆婆抱着猫哭得好伤心好伤心，但是猫并没有哭，猫不喜欢老婆婆。

有一次，猫不是任何人的猫。猫是一只野猫，猫很快乐，每天都有吃不完的鱼，每天都有母猫送鱼来给它吃。它的身旁总是围了一群美丽的母猫，不过猫并不喜欢它们。猫每次都骄傲地说："我可是一只活过一百万次的猫呢！"

有一天，猫遇到了一只白猫。白猫看都不看猫一眼，猫很生气地走到白猫面前说："我可是一只活过一百万次的猫呢！"白猫只是轻轻哼了一声，就把头转开了。之后，猫每次遇到白猫，都会故意走到白猫面前说："我可是一只活过一百万次的猫呢！"而白猫每次也都只是轻轻哼一声，就把头转开。

猫变得很不快乐。一天，猫又遇到白猫，刚开始，猫在白猫身边独自玩耍，后来走到白猫身边，轻轻问了一句话："我们在一起好吗？"而白猫也轻轻点了点头。猫好高兴好高兴。它们每天都在一起，白猫生了好多小猫，猫很用心地照顾小猫们。小猫长大了，一个个离开了。猫很骄傲，因为猫知道：小猫们是一只活过一百万次的猫的小孩！

白猫老了，猫很细心地照顾着白猫，每天猫都抱着白猫说故事给白猫听，直到睡着。一天，白猫在猫的怀里一动也不动了，白猫死了。猫抱着白猫哭了，一直哭一直哭一直哭，直到有一天，猫不哭了，再也不动了。猫和白猫一起死了，没有再活过来。

没有情感地活一百万次，还不如有爱地活一辈子；有生命地活一百万次，更是不如用生命爱一辈子。在每个人的生命里，或多或少都会有一些让人体验深刻的事情，让人庆幸此时此刻活在这个世界上，让人很清楚地了解活着的美好。我想有了这些，或许你会觉得此生已经足够了。错了！生命中还有更深刻的体验等着你——那就是付出你的爱。若你觉得没有，我想那可能是你还没遇到让你不可思议的白猫而已。

如果你够幸运的话，在你一生当中，你会碰到几个握有可以打开你内心仓库钥匙的人。但很多人终其一生，内心的仓库始终未被开启。其实很多人都不知道，钥匙就在自己手上。猫虽然活了一百万次，却从没有真正活过。猫一直被人捧在手心，一直被人疼爱着，但它一点儿都不开心，直到它开始去爱，开始去体验人生，有了家庭，有了爱人，有了小孩，才开始付出它的爱。心中有了牵挂，即使是负荷，也是最甜蜜的负荷，终于能甘心地过完一生，安详地死去。

有一种喜欢，无限地接近爱

There is a like, is infinite close to love.

一只兔子喜欢上了一只狼。一天，兔子对狼说："我喜欢你。"

狼看了兔子一眼，问它："我该怎么相信你？"

兔子思考了一阵，回答："我会为你付出我的生命。"

狼沉默了一会儿，看着一脸坚定的兔子，淡淡地笑了一下："我比你强大得多，不需要你的保护。"

兔子急了，恳求道："我不会奢求太多，那我们能做朋友吗？"

狼无所谓地笑笑，点点头，算是回应。这个面对它毫无畏惧的小家伙，确实使自己对它产生了一点点的兴趣。

从那之后，兔子每天都会待在狼的身边，每天一遍，乐此不疲地对它说："我爱你。"

从那之后，狼的身边多了一只小兔子，每天一遍，它对小兔子诉说的爱意淡淡地回应着："我知道。"

兔子对狼的冷漠并不在意，它知道自己爱着它，那就够了。

狼对兔子的爱意并不在乎，它认为，时间长了，兔子就会放弃，将自己忘掉。

一天，兔子问狼："有人说，雨水是离去的人留恋尘世的某一个人流下的泪水，那你说，雪是什么呢？"

狼想都不想，回答："不知道。"

兔子沉默了，没有再说话。

一天天，一年年，狼不知道，自己对兔子的感情，已从感兴趣变成了……爱。

兔子记得的最幸福的事，就是狼对它的承诺，它们的约定：连就连，你我相约定百年，谁若九十七岁死，奈何桥上等三年……

直到那一天，原本总是跟在自己身后的兔子不见了……

一向冷静的狼焦躁不安地在偌大的森林里飞奔，寻找着兔子的身影。小溪边，它找到了差点儿被自己的朋友当成午餐的兔子。

离开的时候，它的朋友拦下它，问道："你喜欢它，对不对？"

狼想要否认，却开不了口。

它的朋友叹了口气，对它说："面对现实吧，不要狡辩，你确确实实爱上了它。"

作为狼的孤傲和自尊，他下意识地不允许自己喜欢上一只兔子。那天之后，狼开始疏远兔子，不再在古树边等那只贪睡的小兔子，然后在它一脸抱歉飞奔过来的时候，淡淡地说一声，我刚到……

兔子察觉到狼的不对劲，但它没有过问任何事情，它没有再去找过狼。最后，狼在小溪边看到了兔子的笔迹：谢谢你，有你的陪伴很快乐……

狼再也没看到兔子的身影，它常常看着淡淡的月亮发呆，缺了一半的月亮，以前身边总有着兔子的陪伴……狼苦笑了一下，也许兔子厌倦了吧。它并不知道，每天，在它的不远处，总有一只兔子，默默地跟在它的身后……

忽然有一天，事情发生了始料未及的转变。

狼是整个狼族的统治者，但失去兔子之后，它的精神状态一直不好。几只有野心的狼，在它独自一个的时候对它发起了攻击。

兔子眼看着狼招架不住，只能焦急地看着它，无能为力。

当一只狼趁它不备，扑向它时，兔子拼尽全力向那只狼撞去。

那只狼稳住步子，愤怒地咬住了兔子的脖子……

狼愣了一下，看着一滴滴鲜血滴在翠绿的草地上，格外刺目。它怒吼一声，冲上和那几只狼打斗，杀红了眼的它让所有的狼战栗，终于以那几只狼的惨败告终。草地上，堆聚了几只狼的尸体，在这中间，一抹洁白的却沾着鲜血的小小身影格外醒目……

兔子拼尽最后的力气抬起头，虚弱地微笑着，对狼说："我说过，我会为你付出我的生命……"

狼看着那具小小的身体渐渐没了起伏，凄厉的嗥叫声回荡在寂静的森林里，眼泪不受控制地向下落。九月份的天空中，飘起了小小的雪花。

狼看着飘飘洒洒的雪花，猛然间明白了许多……

狼费尽了一切方法，终于来到了阴间。

奈何桥边，一抹孤单的身影，在刻有"奈何桥"三个字的石碑上，小心翼翼地刻着三个字：定百年。

狼悄悄地来到兔子身边，轻轻地，对它说："喂，兔子，我喜欢你，要和我回家吗？"

兔子小小的身体一抖，缓缓回头，看到来者，眼泪夺眶而出："我在等你……我知道，你会来接我回家……"

狼看着它，忽然说道："兔子啊，你不是问我雪是什么吗？直到你离开我，我才发现，雨是死去的人在留恋尘世的某一个人，而那个人为她的离去而哭泣。他的心碎了，疼了，冷了，雨就结成了雪花。"

兔子笑了，再一次地对狼说："我爱你。只不过，这次它可以保证这份爱的永远。"

又是一天天、一年年过去了，然而，狼只是每天对兔子说"我喜欢你"。兔子很失望，因为它想听到一句"我爱你"。但狼只是笑笑，没有回答。

兔子从不知道，为了把它从阴间带回来，狼用爱换回了它的生命，所以，狼知道自己不懂爱，它只能对它说"喜欢"。

但是啊，也没人知道，它对兔子的喜欢，无限地接近爱……

如果你很爱很爱一个人的时候，那就放纵一下自己吧！如果你真的爱他（她），为什么非要等到失去的时候才说呢？难道爱一个人，就非得要经历生离死别才能知道心里真正的答案吗？别再做笨笨地等待答案的人了！

爱情就是这样啊，得要一个人主动才行，不然我们就永远无法了解对方的想法。爱就是要说出来啊，不然他（她）怎么会明白啊！如果你真的爱他（她），那就放下你那所谓的尊严、面子、坏脾气。爱他（她），就要爱得痛痛快快，爱得轻轻松松，爱得无怨无悔，千万别让那些没用的东西阻碍了真爱。

你所爱的样子

The Way You Love

狗爸爸跟狗妈妈一起吃晚餐。

狗妈妈问："如果……如果明天一早起来，我变成一只黑黑的熊，你怎么办？"

狗爸爸说："那我当然会吓一跳啦！我会先声明'不要吃我'，再问你早餐想吃什么，然后做给你吃。嗯，熊应该喜欢吃蜂蜜吧？"

"那如果你睁开眼睛的时候，我变成一只小象虫，停在你的鼻子上呢？"

"我会说'飞飞看'，只要花一个人的费用，就可以一起去旅行了！我会帮你做一张可爱的小床，还要练习轻轻地接吻，才不会把你压扁。"

"那如果我们在公园散步时，你一回头，我变成一棵大树，一棵会说话的小女生的树呢？"

"那我马上把现在的房子卖掉，买顶帐篷，帮你把最喜欢的衣服挂在树梢上。我爬树可拿手呢！"

　　There is always a cry that can let us grow up in a moment

"如果我变成一只猫呢？"

"那只猫的舌头软不软？希望不是很粗糙的。"

"你希不希望我变得更爱打扫、更爱干净呢？"

"太爱干净的话，你会嫌弃我舔你的盘子，那就伤脑筋了。"

"如果，我突然说我要一个人去环游世界，你怎么办？"

"好啊……如果你不在乎你回来的时候，我已经被泪水淹死了的话。"

狗爸爸和狗妈妈聊着聊着，夜就深了。

狗爸爸调皮地问道："那如果我变成婴儿，你怎么办？"

狗妈妈俏皮地说道："小Baby，需要有个新爸爸吧！"

狗爸爸嘟着嘴说："我只要妈妈照顾，就可以长大成人哟！"

狗爸爸又坏坏地问："如果我要求你肚皮再瘦一圈，再爱干净一点儿，你怎么办？"

狗妈妈轻轻地吻狗爸爸的鼻头，微笑着说："不怎么办呀，你才不会提那种要求呢。"

夜更深了，狗爸爸打开床头的小灯，专心地读着一本书。狗妈妈娇嗔道："那本书那么好看呀？"

狗爸爸不经意地说："很好看哦！"

狗妈妈见狗爸爸很专心，又问："你爱我吗？"

狗爸爸目不转睛地看着书，温柔地说："爱你呀！"

狗妈妈不放弃地又挨近狗爸爸，黏着他问："如果上帝对你说，你将来所有的梦想都会实现，唯一的条件是到死都不能再跟我见面，你会怎么办？"

狗爸爸终于合上了书，转头对狗妈妈说："如果上帝这么说，我就对他吐舌头，用后脚对他拨沙子。"

狗妈妈渐渐地进入了梦乡，模糊地说："那，如果明天是世界末日呢？"

狗爸爸凝视着狗妈妈，温柔地说："那就找一个风景好的小山丘，把床搬到那儿去，一整天和你亲吻！"

狗妈妈已经沉沉地进入了梦乡，仿佛看到了他们在绿草如茵的地上，快乐地玩耍。

似乎没有什么好怕的，根本就没有什么好怕的呀！

愿宽容的上帝，祝福这对小佳偶……

如果你真爱一个人，就要爱他（她）原来的样子：爱他（她）的好，也爱他（她）的坏；爱他（她）的优点，也爱他（她）的缺点。绝不能因为爱他（她），就希望他（她）变成自己所希望的样子，万一变不成就不爱他（她）了。从今天开始，换个方式爱你的他（她）吧！

七月

July

　　年少的爱，是一场自顾自地执着。你一定为他做过不理智的事，你一定陪他谈论过盛大的梦想，你一定就那么坚信过他是你的下半生。那个少年，他也许不帅，但在你眼里，他胜过所有光芒。

全世界已剧终，可我依然爱你

I still love you even when the word is end.

1

2007年的夏天，我将一头酒红色的长发重新染回黑色，戴上黑框眼镜，刘海儿垂下来挡住眼睛，暗藏一个拒绝的姿势。

我的耳朵上有16个耳洞，镶嵌着16枚小小的耳钉。我的左手手腕上戴一串佛珠，时刻念叨着阿弥陀佛。我的脚踝处有一个刺青，黑色的字体，是你的姓氏。

周，这些印记，我一个人一路走，小心看管，不敢弄丢。

我似乎从来没有好好地叫过你的名字，周暮晨，从初识起，这三个字就是我内心惶恐的缘由。你知道那个故事吗？据说马可·波罗与忽必烈谈及世界各国时，忽必烈问他，为什么你从来不说你的家乡威尼斯呢？马可·波罗微笑着说，我怕我说出来之后，它就不是我的威尼斯了。

我亦是这么羞涩，这么的欲语还休。

我怕我一旦说出来，你就不再是我一个人的秘密了。我怕它到了众人的眼里，就丧失了原本的色彩和意义。

我怕无数人的好奇会打扰它、破坏它。

所以，我要把我们的故事写下来，把它封印在抽屉的角落里，让它一辈子尘封下去。这样，即使生命结束、肉身消亡，这爱情，也还是我一个人的事。

2

2003年的时候我16岁，进高一，那时候我还不认识你，一切眼泪和伤痕都还在候场，我还不知道痛彻心肺是什么样的感觉。

期中考试的时候，我偏偏那么倒霉，被分在高二的教室，更倒霉的是，我坐的是你的座位。你的课桌上嚣张地贴着你和你女朋友的大头贴。她明眸皓齿地笑，你的脸上浅浅的笑容，带着深深的乖戾和邪气，眉眼间都是落拓和叛逆。

我盯着你的照片看，不知道为什么，脸突然就红了。

你真好看，真的，真的很好看。我都不知道要怎么形容你，平日里那些形容词似乎都不足以说尽你的美，我只是很突然地想起一句话：一见杨过误终身。关于你的事，我也听说了一些，学校里令人闻风丧胆的不良少年，所有的老师提起你都头疼。偏偏你有个有权有势的父亲，所以即使一星期你到学校上不到三天的课，也对你无可奈何。

我匆忙把试卷写完，起身要去交卷的时候觉得有点儿不对劲，低头一看，我的裤子上不知道怎么回事，黏着一大坨口香糖。我吓了一跳，下意识地用手扯。这下更惨了，弄得裤子上到处都是，眼看这条裤子就给毁了，我气得眼泪都快掉下来了。

我随手打开你的抽屉，想找点儿什么东西来用，却看到你留下的字条，上面写着一句话：口香糖的味道好吗？旁边还画着一张很欠扁的笑脸，我这才知道你是故意整坐在你位置上的人。我只能叹口气，带着裤子上的"礼物"交了卷。

对了，我还报复性地把你和你女朋友的大头贴撕了下来装进了钱包。周暮晨，别怪我手痒，我知道你女朋友已经出国去了，你每天只能对着照片想念她，可是谁让你弄脏了我最喜欢的一条裤子呢。

夫子都说，以德报怨，何以报德。所以，你不仁，我不义。

我没想到，你居然真的为了一张照片找到了我们班。你站在门口大声叫我的时候，全班同学的目光就像几十只灯泡射在我的脸上。我看到每个人脸上都写满了好奇，谁都不明白，一向循规蹈矩的我，怎么会跟你这样的人扯上关系。

慢吞吞地走向你的时候，我紧张得手心都出汗了，时隔多年，我都记得当时那种既忐忑又怀着些许期待的矛盾心情。

你盯着我看了好久，我亦用无辜的眼神应对你的探视，我们谁也不说话。10月的风已经有凉意了，我的头发被吹得乱七八糟。你忽然笑了，问我："你就是林卓怡？"我点点头。你又接着问："那口香糖是你享受了？"我还是点头。你的笑意更深了："弄干净没？"我摇头："怎么都弄不掉，你是来赔我钱的吗？"我怎么都没想到，这句平常的话会让你笑那么久。我看着你的眼角、眉梢都洋溢着欢喜，好像我说了一个全世界最好笑的笑话。你伸出手来弹我的额头："林卓怡，我从来不知道'赔'是什么意思，另外，其实你可以把裤子放进冰箱冷冻几个小时，等口香糖结冰了，很轻松就能弄下来了。"

我傻乎乎地哦了一声，你又深深地看了我一眼，什么话都没说就走了。我正要松一口气时，你又转身说："那照片……你拿着做个纪念吧。"

说真的，我那时真看你不顺眼啊，你以为你是明星吗，还做个纪念？

3

自己也说不清楚，为什么那天看到你打架的时候，会停下来看。我一向对那样的场面采取避而远之的态度，我更说不清楚为什么当你被人从身后偷袭时，我会毫不犹豫地冲上前去替你挡那一只啤酒瓶。当那群人做鸟兽散时，你抱着我，仿佛我即将撒手人寰般声嘶力竭地喊："林卓怡，你别吓我！"

我使劲推你，却好像在推一堆棉花，用不上一点儿力气。我想让你别大呼小叫这么失态，可是话还没说出口，就感觉到一股暖流从额头上流下来。你用手捂住我的伤口，我感到你整个人都在颤抖，你在我耳边说："你不会有事的，我保证！"

你带着那几个人来向我道歉时，我的头还包扎得像个木乃伊。我迷糊地看着满身淤青的他们一个个低声下气地向我道歉，你的目光里透着清晰的凛冽和锐利。他们走了之后，我问你："他们挨打了吗？"你点一根烟来抽，白色的万宝路。你背对着我，我看不到你的表情，但你的声音里有着非同一般的淡漠，你说："打他们算是轻的，我更想杀了他们。"

你回过身来的样子像个顽皮的孩子，你说："来，小美人，你受委屈了，我牺牲点儿，让你占点儿便宜吧。"边说你就边把我往怀里拖。那时的你比我高多少呢，反正我的耳朵可以刚好靠在你的胸口，听见你的心跳。我感觉到自己的脸已经火烧火燎了，你的下巴抵在我的头上，我闻到你身上有淡淡的馨香。你若有所思地说："那天你为什么——"话还没说完，我就抢着回答了："我不知道啊。"

我真的不知道为什么会替你去挡，但是假如时光倒流，我想即使那是一颗子弹，我依然会奋不顾身地冲过去，那种强大而笃定的力量，我说不清楚是什么。

很久很久以后我才知道，那种力量的名字，叫作爱情。

可是当时的你简单地将它称为冲动，你抱着我说："以后不要这么冲动了。"我傻傻地应着，却不懂得为自己辩解。暮晨，你怎么会知道那一刻我有多大的勇气，后来又如何撒谎瞒骗家人伤口的来历，如何向看到我们在走廊上拥抱的老师解释我们的关系。

在老师办公室里，班主任用一种"哀其不幸，怒其不争"的眼神看着我。我倔强地看着她，我说我们真的只是朋友。她说："如果真是这样的话，为什么要抱在一起呢？"办公室里每一个人都盯着我看，我不知所措地愣怔着，不晓得应如何开口。

过了好久，我迈着沉重的步子走出了办公室，你在教室门口等着我。见到你时，我努力地挤出一个笑容来。你拉着我的手二话不说就走，我什么也不问，一路上安静地跟着你，你把我带去一家酒吧。下午的时候，酒吧里没什么人。服务生放着一首老歌，王菲的《梦醒了》，她空灵的声音百转千回地唱着：

想跟着你一辈子，
至少这样的世界没有现实；
想赖着你一辈子，
做你感情里最后一个天使。
如果梦醒时还在一起，

请容许我们相依为命……

你埋头喝"杰克·丹尼威士忌"，我喝着"蓝精灵"。你说
这不是酒是苏打水，那为什么我会有一种流泪的冲动呢。你握着
我的手叫亦晴，那个已经在大西洋彼岸的女孩子，那个有着动人
微笑的女孩子，你问我为什么要背叛你。

我的头突然很痛，我想有些事也许真是我误会了。外面的阳
光很灿烂，我去卖耳钉的地方穿耳洞，我穿了16个耳洞，连耳屏
都没放过，看上去很像千疮百孔的心。第二天你来找我，看着我
肿得像猪八戒似的耳朵好奇地问原因，你根本都不记得你喝醉了
之后发生的事。

我笑笑，没说话。

4

有关我们的传闻在学校里成了茶余饭后的谈资，也有朋友
来问我究竟与你是什么关系。我怔怔地看着他们，眼神比谁都无
辜。我不是装的，暮晨，我也想知道我们究竟是什么关系，我们
离暧昧那么近，可是离爱情那么远。

你一直都叫我小美人，或者林卓怡，可是我亲耳听到你给苏
亦晴打电话时，叫她亲爱的。

亲爱的，亲密的爱人，我离那个称谓似乎有千万光年的距离。

你依然对我很好。愚人节的时候，我打电话骗你说，我被车撞了在医院躺着。你挂掉电话心急火燎地赶来医院，却看到捧腹大笑的我。我蹦到你面前说："周暮晨，愚人节快乐！"本以为你又会伸出中指弹我的额头，可你只是脸色铁青地看着我，一言不发。

　　恐怕连你自己都不知道你沉默的样子有多可怕，仿佛晴朗的天空突然阴黑，所有的色彩在瞬间褪成灰白。

　　我去摇你的手臂，你用力甩开我。我可怜兮兮地跟在你身后叫你，你也不理我。我不知道你是怎么了，只是一个玩笑而已，难道你真的希望看到我躺在急救室里吗？不知道过了多久，你终于回过头来看我。我的脸色惨白，全身都冒着虚汗，头发湿漉漉地搭在额头上，整个人像一只残破的风筝。

　　你被我吓到了，你焦急地问我是不是不舒服。我却在你开口的那一瞬间粲然而笑，你不生气了就好。你望着我，眼睛里有什么东西一闪一闪的，像启明星一样明亮。

　　人来人往的街头，车辆川流不息，路灯划伤静谧的夜空，我们在一片嘈杂声中有了一次认真的对话。你说："亦晴回来了，今天下午到，我答应去接她。可是你打电话说出了车祸，我就马上赶来了，我没想到你骗我。"

　　我的眼泪不能抑制地掉下来："对不起，我不是故意的。"

　　你叹着气，皱着眉头拍我的头："好啦，没事，你是小孩子，我不该怪你的。"

我把你的手扯过来盖在我的脸上，我的眼泪全部落在你的手掌里。至少也有一次，不是吗？至少这一次你是选择了先来见我，只要有一次就该觉得满足了，应该是这样吧。我的声音那样沙哑，语气却又那样镇定："周暮晨，你对我动过心吗，哪怕一分钟的喜欢过我吗？"

我说这句话的时候死死盯着你的眼睛，你凝视了我好半天，然后把头转到一边。我清楚地听见你说："对不起。"

人间的四月天啊！为什么我感觉寒风渗进了骨髓，原来都是我自己的幻觉，原来都是一厢情愿的误会。

你好像以为我会号啕大哭。我望着你焦虑的神情反而释然了，我不难过，因为我喜欢你呀，我比世界上其他所有人都要喜欢你，我比喜欢世界上其他所有人都要更加喜欢你呀。

你的表情变得好奇怪，从来都没见过那么难过的样子，平时含着笑的嘴角下垂到一个悲伤的弧度。你把自己手腕上的佛珠取下来，蛮横地戴在我的手腕上，然后把松紧调整好，你边弄这些边说："这是我妈妈在世的时候帮我求来保平安的，现在我送给你，你给我老实地戴着，永远都不准取下来。"

我终于"哇"的一声哭了，我的耳洞都发炎了，16个小孔的疼痛提醒着我16岁的这一年，爱，而不得。

5

苏亦晴本人比照片更漂亮，我看到你们牵着手走在一起时会想起一句话：他们是灰扑扑的人群中唯一穿着红色衣服的人。你们真好看，后来你叫我小美人的时候我都很心虚，都说曾经沧海难为水，有了她这样的美女在身边，我这等庸脂俗粉哪里还入得了你的法眼。

她回学校来看望老师。很多低年级的小妹妹闻讯，都去瞻仰这个传说中有史以来最有才华的校花。老师们都对她啧啧称赞，只是转个身又会叹息这么好的女孩子为什么跟你在一起。你始终不是传统意义上的好少年，可你是一个听话的孩子。很久之后，我从别人那里知道，苏亦晴是你妈妈最喜欢的女孩子，而你不愿意违背亡母的心愿，所以即使她在国外曾经背叛过你，你依然选择她而不是和我在一起。

我就知道，天时地利人和的不仅是欢喜，还有错过和遗憾，比如我和你。

晚上你们请了很多人吃饭，你也打来电话叫我，我死活不肯去。你在电话那头沉默了半天，后来压低声音说："林卓怡，就算我求你了。"你一说这样的话，我就丢盔弃甲了，可是在饭桌上，我什么都吃不下。亦晴看着我，眼神里有些狐疑，我心虚得要命，还得硬撑着装作什么事都没有。

中途她叫我陪她去街对面药店买点儿胃药，付钱时她随口问我有没有零钱，我连忙打开钱包翻。就在我打开钱包的那一瞬间，我知道自己犯了一个错，你们的合影在我的钱包里端端正正地放着，照片上的两个人看上去那样相亲相爱，我这个旁观者霎时沦为小丑。

我应该是第一女配角吧，想趁女主角不在的时候加点儿戏份，可是导演说，剧本早就写好了。女主角回来了，配角的戏也就落幕了。

她的脸背着光，我看不清楚她的表情，她淡然地问我："你喜欢他是吗？可是没有用的，你的喜欢是没有结果的。"我笑了，我喜欢他是我自己的事，要什么结果呢？

是你让我明白，爱情可以是永远不忘记，爱情可以是永远不放弃，有时候，爱情可以是一个人的事情。

亦晴向我要那张照片，我迟疑着要不要交出来。她一句话就粉碎了我的迟疑，她说："不要留恋了，他马上就要跟我一起出国了，我这是为你好，彻底死了心才不会难过。"

我呆住，紧接着，心脏深处有剧烈的绞痛，耳朵里有巨大的轰鸣，好像有一只大手扼住我的喉咙，发不出一点儿声音。不知道过了多久，我才恢复过来，可是声音陌生得连自己都不认识了，嗓子里仿佛落满了灰尘。"既然如此，这张照片就留给我做个纪念吧。"

晚上在酒吧里，你们都围在一起喝酒，我要了很多长岛冰茶。我一直都以为那是茶，因为我不想喝醉了乱说话，可是几杯下肚我才知道，原来长岛冰茶不是茶，它是酒。所有的记忆都浮上了水面，我还清楚地记得你第一次来找我的时候，满脸笑容地问我是不是林卓怡。那时候，我根本就不觉得你是传闻中放荡不羁的男孩子，你那么好，笑容温暖得像冬日午后的阳光，直抵灵魂最深处。

你过来看我，我醉眼蒙胧地望着你笑，今宵剩把银釭照，犹恐相逢是梦中。你说："你醉了。"可是我知道我没醉，我比任何时候都要清醒。我挽起裤脚露出脚踝给你看，一个黑色的"周"字。

亲爱的，这是你的姓氏，我的故事。

那是你最后一次在我身边出现，三天后，你和苏亦晴一起登上去波尔多的飞机。你终于彻底离开了我。

6

你走之后，我将自己封闭了起来，我无法再喜欢任何人了。你仿佛是一个标本，冻结在松脂里，成为一块晶莹的琥珀。

我一路成长，渐渐地失去了最初的澄澈，可是你带给我的印记，我都还留着。

2007年的夏天，我一边听着《梦醒了》，一边在网上看你和亦晴的订婚照。你们都穿着很普通的衣服，可是相扣的十指上有两枚熠熠生辉的戒指。

我一边抽你爱的万宝路，一边想一些事情。

让时间倒退到2003年的那天下午，你带我去酒吧喝酒，你要了"杰克·丹尼威士忌"，我要了"蓝精灵"。后来你喝了很多很多，神志渐渐模糊，把我当成了亦晴，你抓着我问为什么要背叛你。喝醉的你力气真大，我完全无法挣脱，然后你把我带回你家。

是的，在你家里，你对我做了那样的事。可是你根本都不记得我是谁了，你叫我，亦晴，亦晴。

从你家出来之后我去穿了耳洞，我的脸上还有因为羞涩而泛起的红潮。我最珍贵的给了我最喜欢的人，我不觉得你要对我负责，我自己的事情自己负责。我穿了16个耳洞，代表我16岁时认识你，把最美好的年华献给你。

然后是愚人节那天，我打电话叫你去医院接我，你看到我安然无恙地站在你面前时，火冒三丈，因为我耽误了你去接亦晴。我在你身后追的时候，感觉到自己马上就要死掉了，幸好你后来还是不生我的气了。

你生气的样子好可怕，所以我永远都不会告诉你那天我其实是去医院做了个手术。什么样的手术呢，就是有了宝宝却不能生下来就要做的手术。我说过，我自己做的事情自己承担责任，我真的一点儿都不怪你，你有什么错呢，都是我心甘情愿的啊。

你把佛珠送给我之后，我觉得你对我真是太好了，所以我就去刺青，想来想去就决定了刺你的姓，简单的一个字就是我全部的爱情。

时间会将这些秘密逐渐埋藏，而我所有的希望就是你获得幸福。我通过各种方法找到了你的博客，每天都偷窥你的生活。每次看你博客的时候，我都在抽万宝路，我从一个法国朋友那里知道，它另外的一个名字叫"男人不忘女人的爱"。

你的生活真平静啊，可是最近的一篇日志你让我看到痛哭失声。那是一篇点名回答问题的游戏，最后一个问题是，你这辈子说过的最大谎话是什么。你的回答是，有个女孩子问我有没有喜欢过她，我说对不起。

而真实的答案是四个字：我很爱她。

爱，就是对你负责

Love, is responsible for you.

　　一个年轻人来到美国，打工一年后，他报考了南加利福尼亚大学硕士，但没有考上；第二年接着考，还是没有考上；第三年，仍然没有考上。他开始感到沮丧、绝望和不安。

　　很快，他国内的女朋友也来到美国。她毕业于北大生物系，直接拿到了耶鲁大学的奖学金。当她开始上学时，他仍然在街上游荡，他做过服务生、家庭教师、剧组杂工、工地看门的，甚至还替一对夫妇做过他们四岁孩子的保姆。

　　但他的女朋友始终没有嫌弃他的碌碌无为。不久以后，她答应了他的求婚。因经济拮据，他们什么人也没有请，只是在路边的一家小馆子撮了一顿。当天晚上，他们入住一家小旅馆。

　　很快，他在一家保险公司找到一份工作，生活有了着落。随即，他无意中参加完一个名为"百万富翁培训班"后，在一位叫斯皮尔斯的理财专家的"怂恿"下，他毅然向公司递交了辞呈。他铁了心："无论如何，我都不想再回到从前的职位上去，我的生命里将不再有任何老板！"

在他做出了这个无法挽回的决定后，妻子只是淡淡地说："我希望你做的是一个理智的决定，你要对自己负责。你要明白，如果再这样混下去，我们的关系就会有问题。"

后来，经过了那段最黑暗、最难熬的日子。他在来到美国后的第六年——1991年，他通过演讲、写作和投资挣到了第一个100万美元；到2003年，他的个人资产已达1亿美元。

这个人就是著名的华裔亿万富翁万江。

万江说："妻子为什么会在那个时候与穷困潦倒的我结婚呢？后来我问她时，她只是轻描淡写地说：'我感觉那段日子你很消沉，我希望有一件事可以让你负起责任来。'"

"辞职后，我没有埋怨过妻子那种雪上加霜的做法，她虽是在给我施加压力，但我理解她的心情，她需要的是一种安全感，我要对她负起责任来。"

万江的成功证明，人们最出色的成功，往往是被逆境激发的，思想上的压力，甚至肉体上的痛苦，都可能成为精神上的动力。而他也终于承担起责任，对自己，对亲人，对爱人，并写出一本励志的书：《你就是下一个百万富翁》。

含泪的微笑

Smile with Tears

———————————————————————————

　　我想，我可以微笑着流泪，只是希望你们开心，只要你们开心。是的，很多人都能看出来，我最近情绪起伏大，多愁善感。我不知道怎么说，我开始想要消失，想一个人待一段时间，谁都不理不睬。我想要别人都担心我，想要很多很多的关心。

　　是我强势，我太倔强，使我看上去不需要保护、不需要照顾。可我也脆弱，容易胡思乱想，容易陷入死胡同。我突然觉得很累了，不想担心别人，不想照顾别人，不想啰唆，可是我忍不住。我也希望被担心、被说教的那个人是我。其实，我只是累了而已，积压的情绪拼命想要找到宣泄的出口。

　　是的，我最近不大开心，想想将来要走的路，我开始害怕和不安，开始不自信。我想要什么都不做，每天只是睡觉、吃饭、上网、发呆、看书。我想要看悲伤的电影，听悲伤的歌曲，想要一个人放声大哭，想用眼泪洗涤内心。我想要忘记你，忘记他，忘记所有的开心和不开心。我想要失忆，像个初生婴儿一样没有过去和现在，只有未来。我恨死自己的无能为力，恨死自己的自卑。我也想做个不负责任的人，什么都不管不顾，做自己想做的事，一个人到处走，漂泊或者流浪。我不想自己一直牵挂你，我不想自己放不开，我想脸上能继续挂着微笑。是有些难吧，我知道的，这一切我暂时做不到。发生过的不可能消失，发生过的一切真实地存在着。记得那些眼泪和微笑。

如果说，我是一个温暖的港湾，那么谁是我的港湾呢？猫咪，我们再也回不去了，是吗？我只能流浪，心不能停靠了。家是我的港湾吗？那为什么我不想回家呢？是啊，面对家庭，我有太多压力。我想要抛弃一切然后逃开，到一个只有自己的地方，什么都不管不顾。我能这样任性自私吗？

又亮了，我还是睡去，这样醒来夜就又来了。有谁需要我吗？我又需要谁呢？我太贪心了，对不起，我都知道，我在为难你，也为难自己。我想要的太多。其实我知道最后一切都会过去的，所以，请不要不开心好不好，不要不快乐。我想，如果能流泪，我希望自己微笑着流泪，作为告别。请跟随着心的方向，努力向前，我能这样勇敢吗？

勇敢太久，会不会很累很累呢？我想要睡去，一直一直睡下去，直到天荒地老。我没有死去，我只是睡着了。嘘，请别吵醒我，好吗？

八月

August

　　若你现在还会心动，还会愤怒，还会悲伤，请暗自庆幸。

　　因为，你还年轻。

　　当你不能再被感动，不能再被激怒，不会再流泪，你便会知道，为了长大，你失去了什么。

天地原来可以如此宽广，
爱原来可以如此豁达

Heaven and earth can turn out to be so broad, love can turn out to be so open-minded.

1

有位老朋友出车祸，整个车头都撞坏了，好在人还平安，除了受到点儿惊吓。他回家一进门就向老母亲说起了这个意外。

"孩子，你真走运。"80多岁的老母亲说，"幸亏你开的是那辆旧车，要是新买的奔驰，那损失可就大了。"

"妈妈，您说错了，"我这老朋友大叫，"我今天就是开那辆新车出去的。"

"那你也真走运，"他老母亲又一笑，"要是你开旧车出去，只怕早没命了。"

"咦？您怎么左也对，右也对呢？"我这老朋友疑惑地问。

"当然左也对，右也对。只要我儿子保住一条命，就什么都对。"

2

有个老同学，不久前刚捐了一大笔钱给慈善团体，最近却诸事不顺。

"你会不会后悔捐了那么多？"有人问他。

"为什么后悔？"他有些不悦地一瞪眼，"你知道我女儿出生时是脐带绕颈吗？连医生看了都吓一跳，幸亏没在产道里耽搁，要不然就出毛病了。所以每当我看见脑麻痹的孩子都好同情，同时又对女儿的健康好庆幸。"

他又说："你知道我有一次在上海差点儿死掉吗？那天，我已经打算要过马路了，抬头看见有家药店，当时正在犯'香港脚'，于是进去问有没有治脚气的药，才开口，就听见外面一声巨响，对面工地好几层楼的鹰架全垮掉了，算算时间，如果我不进药店，就正好被砸在下面。"

他看看四周，很郑重地说："我们不能因为行善就等着善报，而要想我们已经得到太多上天的关怀，更应该把上天赐予的爱与别人分享。"

3

有一天，在电梯里遇见楼下的邻居。

"真对不起，"我说，"我家餐厅是石头地面，椅子又重，我们用餐时移动椅子常会吵到你。"

"哪儿的话，没有啊，"邻居一笑，"你比以前那家好很多了，而且我也会吵到我楼下的邻居；和你比起来，只怕我的动作更重，听你这么说，我自己还要检讨呢。"

4

一次，我到朋友家做客。

"家有二老，如有二宝。"朋友指着同住的岳父母说。

"他说得好听，哪里是二宝？"老太太一笑，"是'二包'，两个大包袱。"

"不，当然是二宝，"朋友说，"我有一个梦想，是将来跟女儿女婿一块儿住，让他们把我也当宝，既然我这么盼望，就应该先把岳父母当宝。"

他13岁的女儿突然大叫："我将来不要结婚！"

"那就更是了，我越不能成为你的宝，就越要把你妈妈的父母当成宝。"

5

刘侠过世了，报上刊登了她的最后一篇作品：《如鹰展翅》。

在文章里，刘侠说她20年前拟了一个"对子"——"天地无限广，岁月不愁长"，请名书法家题写，挂在客厅。

有一天，刘侠的弟弟打趣道："姐，你连路都走不动，翻身都得人家帮忙，怎么还说天地无限广？"

刘侠一笑："你看到的只是我外在的形体，却没看到我的内心。没错，虽然我这一生被拘禁在斗室里和一榻之上，然而我的心如鹰展翅，在广袤的天地间翱翔，自由自在。"

她甚至在文章中表达对"渐冻人"陈宏的关怀和对《潜水钟与蝴蝶》作者尚·多明尼克·鲍比的佩服，自觉与那些躯体完全不能移动的人相比，她还算是幸运的。

6

一天，和女儿看捷克影片《深蓝世界》，这部电影是描写"二战"期间，一批捷克飞行员在德国入侵之后，加入英军，投身战场的故事。当战争结束时，历经百战的男主角回到故乡，直奔未婚妻的家。寄养在未婚妻那儿的爱犬看到男主角，叫着跑出与其相见，在狗的吠叫声中，正在晾衣服的未婚妻也看到了他。

此时的未婚妻已为人妇，见到他先是吓了一跳，接着掩面哭了，说听说他早就死在了战场。听到这话，男主角立刻全明白了，安慰了她几句，提着箱子转身离开，在院门口，有个小女孩儿坐在篱笆旁。

当男主角的爱犬跟着离开的时候，小女孩儿喊："芭查是我的狗！"

男主角愣住了，对那小女孩儿说："真的？"看着那小女孩儿天真无邪的眼神，男主角对爱犬说："芭查，留下。"

电影结束了，坐在一旁的女儿问："他为什么不把狗带走？他已经没了未婚妻，狗是他的，他为什么这样做？"

"他自己失去了，他不想那小女孩儿也和他一样。"我拍拍女儿，"而且，他能活着回到故乡，已经是上天保佑，谢天的时候就不应该再怨人。"

女儿一脸懵懂的样子。

我笑笑："总有一天你会明白，天地原来可以如此宽广，爱原来可以如此豁达。"

死亡在前还是在后

Death in the First or Last

有一个人很害怕死亡。

他心里想着："死亡是在前面呢，还是在后面？"

他想道："人总是在向前跑的时候死，例如飞机失事、车祸丧生……所有的动物也都是在向前逃命的时候被捕杀的。从来没有动物在后退时丧生。所以，死亡是从后面追赶上来的。"

由此，他得出一个重要的结论：避免被死亡追上的唯一方法，就是走得更快速、更匆忙。

于是，他每天行色匆匆，不论吃饭、工作还是走路，都比从前的自己快了三倍。

某天，他正在赶路时，突然被一个白胡子的老人叫住。

老人问他："你如此匆忙，是在追赶什么呢？"

他说："我不是在追赶，我是在逃开！"

"逃开什么呢？"老人问。

"逃开死亡！"

老人说："你怎么知道死亡是在后面呢？"

他说："因为所有的动物都是在向前逃命时被死亡追上的。"

老人说："你错了！死亡不是在起点时追赶，而是在终点时等候，不论你跑快还是跑慢，都会抵达终点。"

"你怎么知道？"

"因为我就是死神呀！"老人说。

那个人大惊失色："你今天出现，莫非是我的死期到了？"

死神说："你不用害怕，你的死期还没有到。只是你一直跑得太快，我的兄弟'活着'向我抱怨赶不上你，如果你不跟他会合，和死亡又有什么区别呢？他特别请我通知你慢一些呀！"

"我要如何才能和'活着'会合呢？"

死神说："首先，你要站着不动，让心静下来；然后，你要环顾四周，用心体会，用爱感觉，用所有的力量来品味，'活着'就会赶上你了。"

当他把心静下来的时候，老人说："你回头看看，我的兄弟来了。"

他一回头，老人不见了。

他却留意到了活着的美好。

太多的来不及

Too Much "Too Late"

1

好友的母亲出门倒垃圾，被一辆疾驰的摩托车撞倒，就此离世。

好友的母亲原本有心脏病，家里随时准备着氧气筒，万万没有料到她是以这种方式离开。

她的子女完全不能接受，哭着说："妈妈连句话都没留下就走了！"

他们以为，妈妈即使心脏病发作，也总还有时间跟他们交代几句的，怎么可以说走就走了呢？

其实，他们忘了，妈妈每天都在交代。

八月 ／ August ／ There is always a cry that can let us grow up in a moment

就跟天下所有的母亲一样，无非是"注意身体，小心着凉""不要太累，少熬夜，少喝酒""好好念书，别整天贪玩"……只不过我们听得太多，听得烦腻了、麻木了。直到母亲闭口的那一刻，我们才发现，还有很多话来不及听，来不及问，来不及跟妈妈说。

2

一位母亲，因为女儿爱上一个她不认可的男人，与其僵持不下。大吵一架后，女儿干脆离家出走。母亲又气又伤心，这么多年，都是她一个人把女儿养大的，好不容易等女儿出落得亭亭玉立，谁料想她大学尚未毕业，就急着嫁人，还偏偏看上一位大她10多岁的离婚男人。母亲好言相劝，恶语恫吓，女儿却不为所动。

母亲对女儿所有的爱变成恨。她恨女儿绝情和为爱盲目，前尘往事涌上心头。她想起女儿小时乖巧可爱，总爱腻在她身边像小鸡啄米似的讲悄悄话，童言童语，煞是有趣："妈妈，你绝不能先老，一定要等我长大了一起老！"

上中学的女儿也依然贴心懂事，母女俩像朋友一般分享彼此的心事。

母亲偶尔问起女儿择偶的条件，女儿总撒娇地说："我才不嫁，我要陪妈妈一辈子，陪到你老得走不动，我就帮你推轮椅！"言犹在耳，女儿怎么就全忘了呢？

为了一个所谓爱的男人，罔顾20年的母女情分，实在让她难以接受。

那天，女儿打电话回来说："妈妈，我要结婚了，希望你来参加婚礼，给我一点儿祝福。"

她余怒未消，愤然挂断电话。谁知这一挂便是生死永隔，女儿和女婿在度蜜月途中因车祸丧生。

殡仪馆内，她抱着女儿的遗体放声痛哭："我好自私啊，连最后的祝福都不肯给你！"

3

病床前，一位老先生一遍遍呼唤着："老伴，你醒醒啊！醒来我们就一起去环游世界，你不是一直想去吗？"

老伴睁着茫然无神的眼睛，没有知觉，没有反应。

老先生深深地叹了口气。

夫妻俩结婚40年，初识时，老伴原有出国念书的计划，为他放弃了。

他为了弥补心中那份歉疚，许诺说："有一天，我会陪你环游世界！"

只是，随着孩子一个个出生，经济的压力逼迫他们不得不节衣缩食，环游世界成了一个遥不可及的梦想。

他总是安慰妻子说："等孩子们再长大一点儿，等家里再宽裕一点儿……"

孩子们终于长大，都成家立业了，他们也有足够的钱来实现当年的梦想了，可是男人的事业正在高峰，别说出国旅游，平日连两人相处的时间都有限。

面对老伴无言的怨叹，他也总是抱歉地说："等我退了休，我所有的时间都是你的，那时你想去哪儿我都陪着你！"等到他真的退休时，老伴却等不及了。

一次突如其来的脑中风，造成老伴深度昏迷，日夜陷在无梦也无欲的世界里，只留下老先生守在床边，不断重复："老伴，你要赶快醒来啊！我带你去巴黎看铁塔，去荷兰看风车，去罗马……"

4

有这么一个老兵，我不知道真实姓名，只知道他的小名叫芽子。芽子的故事是另一个老兵告诉我的。

芽子早产，出生时像只小猫。因为体弱，他娘就多疼了些，吃奶吃到6岁，可还是黄皮寡瘦。

他娘总摸着他的光头说："小芽子呀，你要快点儿抽条长个儿，长得跟场子前的大枣树一样高！"芽子14岁时，由于时局变动，战火就要烧到他们家门口，他娘急得如热锅上的蚂蚁，四处托人，总算给他在部队里补了个小勤务兵的位置。

芽子舍不得娘。娘说："傻芽子，咱们家总要留条根啊！"

临走那天，芽子不要他娘送，可他娘还是忍不住到码头，看到在队伍中矮人一头的芽子，急急跑过来，伸手就想抱他。

芽子一惊，穿上军装就是革命军人，男子汉大丈夫，大庭广众之下，怎能像娘儿们一样搂搂抱抱，再加上身旁战友在似笑非笑地看着他，他就更加烦躁。

他推开母亲，不耐烦地说："回去啦！叫你别来，还来！"说完，就头也不回地跑了。

这一跑就是45年，再回家时家里已经没了娘。

娘在他走后的第三年过世，唯一的妹妹在战乱中不知所踪，一个家就此被连根斩断。

小芽子成了老芽子，仍是孤身一人，住在养老院。有一年，养老院的老伙伴们买了个蛋糕为他庆生，怂恿他许愿。他望着闪烁不定的烛光，忽然间眼泪簌簌地流了一脸，哽咽道："我想我娘，我想让娘抱抱我……"

话毕，四周的老人哭成了一片。

来不及说出的爱，来不及表达的歉意，来不及挽回的错误，来不及实现的诺言，来不及送出的祝福，来不及给予的拥抱……

我们总有太多的来不及。

我们总以为时间会等我们，容许我们重新开始，弥补缺憾。

岂不知"撒旦如同遍地游行吼叫的狮子，寻找可吞吃的人"，灾难永远在我们猝不及防的时候当头砸下，令你无从躲避，无能为力，心胆俱碎，招架不住。

我们唯一能做的，只能是在还来得及的时候，小心呵护手中的珍宝，一刻也不要放松。

无论如何，向你最亲爱的父母、爱人、手足、朋友……及时表达你的爱吧！

导盲犬的红线

The Red Rope of Guide Dogs

在墨西哥的大街上，萨拉黯然地走着，她拖着一只大皮箱，里面是她的全部衣物。她刚刚和相恋了三年的男友分手，正准备搬往新的住所。

过马路时，一辆呼啸而过的汽车差点儿把她撞倒，司机从驾驶室里探出头来大骂："瞎子，你不会看路啊！"萨拉吓了一跳，可是，她知道司机骂得没错，她的确快瞎了，年纪轻轻的她就患上视神经萎缩，视线已经越来越模糊了。

就因为这个，她决定和男友赫尔南德斯分手。虽然赫尔南德斯不会嫌弃她，可萨拉还是想离开，她不需要同情，不需要牺牲，她宁愿独自一人沉入黑暗的深渊。

萨拉搬进了新家，一座冷冰冰的房子，她在这里默默地等待黑暗的到来，有时她会故意闭上眼，训练自己在黑暗中烧水、煮饭、洗澡。

一天早上，她睁开了眼睛，却发现四周不是清晨，而是黑夜，她意识到自己终于彻底失明了。萨拉没有哭，而是默默地穿衣服、做早饭，还给花浇水。

第二天，萨拉决定去取前几天送去干洗的衣服，回来的路上，她迷路了。就在她不知所措的时候，有一个稚嫩的声音在她的身旁响起来："女士，我可以送你回家吗？"

这是一个孩子的声音，萨拉如获救星，说："太好了，我家住在……"

"我的小狗知道。"孩子神气地说，"它闻到你的气味就会找到你的家，让它送你回家好吗？"

萨拉将信将疑，小孩不由分说，把一根绳子塞到了萨拉的手里，接着就没了声音。萨拉牵着绳子，感到有一股力量牵引着自己，只好跟着向前走。小狗不吵不闹，走得也不慢不快，过路口的时候好像还会看红绿灯。不一会儿，小狗停住了脚步，萨拉放开了绳子用钥匙去开门，门开了，她到家了。萨拉摸索着抱起这只可爱的小狗，摸摸它的头，请它大吃一顿，接着小狗就拖着绳子跑开了。

萨拉早就听说有一种特殊的狗，是盲人生活的好伙伴，可是一只导盲犬的培养费用很高，而墨西哥又相对落后，很少有盲人能够享受这种待遇，她也同样不敢奢望。

不过，幸运眷顾了萨拉。一天，她接到了一个电话，对方说他们是墨西哥导盲犬培训基地，愿意为萨拉提供导盲引路服务，服务费很低。

自从失明以后，萨拉从来没有开心过，现在，她终于开心点儿了。没过几天，她就计划去超市采购，并提前一天预定了小狗。到了那天，萨拉的心情有点儿不安，还好，一开门，就摸到了系在走廊上的一根绳子，"嘿，宝贝儿！过来好吗？"萨拉笑着，逗引着小狗，可是这只狗要么是受了严格的训练，不允许跟雇主亲密接触，要么就是很酷，总之，它一声不叫，默默地为主人引路。

到了目的地，萨拉在超市门口大声叫："宠物可以进去吗？"保安人员马上友善地回答："小姐，他不算，你可真会开玩笑。"保安人员的体贴让萨拉心情愉快，在服务人员的热心帮助下，她很快买好了自己需要的东西，结账时，收银员说她买了三瓶豆奶。"豆奶？"萨拉愣住了。她不喜欢豆腥气，以前，赫尔南德斯为了她的健康，总是逼她在超市里买豆奶。些许伤感涌上了萨拉的心头。

回家后，萨拉黯然地把绳子拴在了门廊上，突然，她想起了赫尔南德斯，他是那么爱她，那么体贴她，直到现在，她似乎还能感受到他温暖的气息。

导盲犬的工作做得不错，它从不闯进雇主的房间，也不在雇主的身上撒娇，只是默默地引路，和萨拉相安无事。一天下午，萨拉又和导盲犬结伴出行，她在路上慢慢散步，突然听见不远处有人叫："嘿，很高兴遇到你，赫尔南德斯！"

赫尔南德斯？萨拉心慌了。她不想让赫尔南德斯看见自己狼狈的样子，她迅速掉过头，狠狠地拉着绳子，准备以最快的速度离开。就在拉绳子的一瞬间，她听到一个熟悉的声音："啊，你拉疼我了。"

萨拉愣了，那不是赫尔南德斯的声音吗？几秒钟之后，萨拉泪如雨下，"是你在我购物筐里放了豆奶，对吗？"抽泣不止的萨拉，感觉被人紧紧拥抱，那人的手腕上还系着一根绳子。赫尔南德斯用低沉的声音对萨拉说："我只想告诉你，我可以和你在一起生活。"萨拉再也忍不住，她把头埋在赫尔南德斯的胸口，失声痛哭，这些天来的压抑和委屈，霎时间烟消云散。"我一直在附近看着你，你一个人出门太危险了。那天我看到有一只小狗送你回家，所以我才出此下策。"

几个月后，萨拉和赫尔南德斯结婚了，在神坛前，当神父宣布交换戒指的时候，他们把一根红绳系在了彼此的手腕上，因为他们知道，导盲犬只能为失明的人引路，而要想驱走心中的黑暗，却只能靠爱的力量。

迟来的e-mail

The Delayed e-mail

　　一如往常，闹钟在6点5分准时响起，他翻身下床，依次拉开落地窗前水蓝色的窗帘，望着窗外灰蒙蒙的街道，伸了个三秒钟的懒腰，然后如厕、洗漱、换上公司制服、对着镜子检视。

　　他将这些动作机械地一一完成，花了15分钟，一切都不假思索。

　　走进厨房的时候，他犹豫了一下。醒来之前他做了个梦，像是关于她的片段，不过或许是太久没有做梦的缘故，他连留住梦境的力气都没有。

　　今天正好是星期三，他看着日历确定了一次，接着打开笔记本电脑，开机，联上网络，每个星期三，他都要收一次电子邮件。

他已经搞不清楚什么时候养成这么多固定的习惯，总之，日复一日做着相同的动作，一旦做惯了，很多事便都在不知不觉中完成。

他端着一杯刚泡好的麦片，开始逐封查收信件。

信箱里仍是免不了充斥着各种垃圾邮件，大多是一些色情广告或者无聊的东西。其中一封看似网络上一再转寄的信件，包含着好几个寄信者。他心里一惊，因为标题并不像一般的网络文章或报道，也不是故意吸引别人注意的广告，而是一个只属于他回忆中的难忘记号。

标题是这样的：= ^ T ^ = To Cat.

是她？

他有点儿怀疑，但是除了她之外，应该没有人知道这个记号。

他停下搅拌麦片的动作，试着回想有多久没和她联络，又想起昨夜那个已经模糊的梦。几年了呢？他摇了摇头，放弃去计算那些象征性的且令人感到无力的数字，如同放弃他生活中不去追究的习惯。总之，好几年过去了。

他深深地叹了口气，对于自己还因为想到她而慌张感到好笑，就连移动鼠标打开信件的动作，都因过分颤抖而无法做好。

你想对我说什么呢？

他的心头充满疑问，那么多年过去了，她会写些什么呢？

嘿！虽然我知道这封信不会那么顺利寄到你手上，不过我还是希望你第一眼就能感觉到我在亲切地向你打招呼。

你好吗？收到我的信，想必会令你很惊讶。

其实我自己也觉得不可思议，怎么会有勇气再和你联络，更别提寄出这样的信给你。

事实上，我真的为了找你花了不少工夫，本来希望能和你见面好好聊一聊的，但是你电话改了，家也搬了，就连以前和你比较好的朋友都没有你的消息，你简直像是人间蒸发了，找得我好不气馁。没想到分手之后，你居然这么绝情。

我真的没办法了，只好用这样的方式，试着找你。

不过这样好像也蛮好玩，像在玩一个命运的大转盘，我一定要有足够的运气才遇得到你，或者说要有足够的缘分吧！^o^

他笑了一下，好像她正用那古灵精怪的眼神看着他。信的内容似乎很长，还有几份附加资料。他原本想先往下看看是什么内容，接下来的信却写道：

对了！也许你发现这封信有几份附加资料，当然是我这个计算机白痴不小心传上去的。

如果你还没有打开的话，答应我先不要看好吗？

接下来的内容我会向你说明的。

^O^

好吧，看在这次的笑脸符号更夸张的面子上，他继续看信件。

首先，我想先跟你说声谢谢。道谢的理由太多，我可能无法一一说明。

还记得当初我们分手的画面吗？

这段日子以来，这些记忆始终清晰地保存在我的脑海里，当时你坚持要和我分手的真正理由，我现在终于明白了。

他愣了一下，分手的真正理由，她竟然知道了？这到底是怎么回事？她不可能会知道的啊！

或许你会对我说的感到怀疑，但这是事实噢！

只不过说来话长，而且过程还很曲折离奇呢。

当我发现真正的理由，虽然一度感到生气，怨恨你瞒着我，但我很快又能体会你的苦心。这当中发生的事，让我慢慢告诉你好吗？

尽管要花上好长的时间来写这封信，我也必须将这些年来对你的感觉写清楚，因为那么一段空白的岁月，只用这封信来弥补已经称得上是勉强了，现在的我也没有选择，我多么想再见你一面。

不知怎的，他有种不好的预感，刚刚还读得出她淘气的笑容，怎么一瞬间就变成愁容。

他的心头突然一阵阵绞痛，多年前尘封的画面渐渐在眼前浮现。

他们是十分登对的情侣，尽管他是个孤儿，没什么家世背景，也没什么人际关系；而她则是千金小姐，出身富贵人家。

但是在他们两人之间，一直有着良好的互动，个性又互补，即使争吵，也会让他们更依赖对方。

这样的组合看似有着美好的将来，却在他被诊断出胃癌后开始改变，他不禁怀疑起人生，痛恨命运的捉弄，他曾经想轻生，心里却挂念着她。

几经思量，他痛下决心，为了她好，他决定向她隐瞒真相并和她分手。

为此，他编造了许多理由，性情大变，甚至打她来逼她离开，场面十分难堪。背地里他却有不为人知的辛酸，只因他宁愿一个人去承受生离死别，也不愿让深爱的她背负这样的痛苦。

可是命运再次捉弄了他，一年后，医生竟然发现之前的诊断错误，他回头想找她的时候，她已出国了，听说还有了婚约。为了坚持当初分手的初衷——只要她过得幸福，他便不去和她联络——他搬离她居住的城市，过着一个人的生活。

他常想起分手和医生心虚地表示之前是误诊的画面，错愕复杂且矛盾的情绪纠缠着他的心。

时间久了，那些记忆就像被拖长的影子，牢牢地锁在心里，触不着也分不开。因此，他提不起劲再去谈感情的事。

这一切，他不曾奢望有人会明白，如今眼看着她所写的字句，他的眼眶顿时被泪水淹没。

分手后的那一阵子，我的心情十分沮丧，也十分困惑。

我猜不透为何你有如此剧烈的转变，竟然轻易舍弃我们之间的誓言。无可讳言，我因爱生恨，开始想报复所有的男人。

正好家里有意撮合我和另一个颇具声望的家族的婚姻，借着这个机会，我到了纽约，表面上是顺着爸妈的意思，试着和对方交往，私底下我只是想散心，玩弄对方。

刚开始真的是抱着这样的目的，因为对你的恨意，让我不再相信爱情，想伤害任何接近我的男人。可是没想到才两个多月，或许是因为身处异乡，变得脆弱无依，又或许是对方总是无怨无悔地照顾我、讨我欢心，我的心渐渐软化了，不知不觉中流露出我的真心。

我想换成是你，也能体会我的感受、谅解我的软弱吧？

对你的恨意一天比一天减弱，居然转化成思念，失去你之后，我多少成长了。

重新考虑我们的感情，我发现我仍然没办法将你从我的心中舍弃，因为如此，我始终不敢对另一段感情付出太多。

尽管心里还存着和你重新开始的幻想，却也明白那种可能微乎其微。

日子便在日出日落的交替下流逝着，伴随着思念。

我记得很清楚，那天是我离开台湾整整一年，我们分手一年零四个月又十二天，也是我的生日。他细心地替我举办了生日宴会，邀请了不少朋友一起庆祝。

我开心地感受那许久不曾有过的喜悦，是真的有点儿累了。拼命伪装自己，不但弄得自己伤痕累累，也错过了身边许多美好的事物。

正当我想放下关于你的一切，完全接受他的时候，从他的口中，我听到了你的消息。

是的，他是个医生，先前参与过你的诊断，到纽约是为了进修。

你的名字从他口中说出的一刹那，我的脑子里一声巨响，得知你诊断的经过，我一次又一次悲伤地昏厥过去。

我难过你为我所做的牺牲，怨恨老天爷对我们的捉弄，心疼你一个人独自面对那悲苦，不忍你的误诊竟成了他们茶余饭后的笑话。

这时候我有种豁然开朗的感觉，过去笼罩在心头的阴霾一下子烟消云散，原来我一直都是爱你的。

我恨不得当时就立刻飞回来，奔到你的身边，在你怀中哭诉我的思念，安慰你的委屈。

匆匆结束学校的课程，我带着简单的行李搭机回台湾，踏上阔别已久的土地，我第一件事就是打电话给你，知道电话改号后，我便搭出租车到你的住处找你，不料还是落空了。

他简直不敢相信自己看到的内容，原来很早以前，她就已经发现了真相。算一算时间，正好是他为了散心到日本住了半年，真有这么巧合的事吗？

难道自己注定一再错过她？他心中不安的预感不断起伏着。

八月　／ August ／　There is always a cry that can let us grow up in a moment

接下来的几个月，我不停地四处打探你的消息，却像是石沉大海，一点儿回应也没有。我甚至请了人帮忙，仍然得不到你的消息，难道你真的消失了吗？

终于，禁不住疲劳，我病倒了。

信写到这儿，出现了一片空白，他越是往下看，心情越是凝重，仿佛有什么正等着他。

经过两大页空白，再次出现文字。

再一次，我想向你说声抱歉，抱歉的理由一样有很多，我真的无法一一写出来。

这该是一封只属于你的信，我却只能任它在网络中漂流，真的是迫不得已我才决定这么做。同时，这也是我最后留给你的小小纪念，我不想用"遗书"来称呼这封信，所以请你当成一段回忆来看待，连接我们之间的空白。

遗书？他突然觉得眼前一片黑暗，仿佛有一股从体内分裂出来的力量急欲挣脱冲出，恍惚之中他见到她憔悴的容颜。

病倒之后，我住院观察了几天，本以为出院后可以继续寻找你，没想到却诊断出和你一样的不治之症，讽刺的是我的诊断千真万确，我无法阻止死神带走我的脚步，也无力再外出找你。爸妈坚持把渺茫的希望寄托在最后的治疗上，看能否在"鬼门关"前将我拉回。

医生的努力并没有成功，我俩注定要永远分离了。

在剩下不到三个月的日子里，我央求爸爸每天帮我刊登一则广告，上面写着你曾对我说过的甜言蜜语，再加上只属于我们的独特符号，希望在最后的日子里你能看见，好让我临走之前见你一面，而不是天天望着照片流泪。

我好希望再次听见你的声音，你暖暖的手拨开我额头上的发丝，亲吻我的脸颊，轻声地对我说爱我，可惜这愿望注定无法实现了。

这段时间里，我想了很多。这样戏剧化的命运，真的让人哭笑不得，也丝毫没有反抗的能力。

然后我回想起当初你的苦心，我知道从小都孤单的你，承受的一定比我还多，所以我考虑了很久才决定寄出这封信。当你收到这封信的时候，所受的打击一定不小，如果你还爱我的话，那么我用这种方式告诉你，让你明白我多么爱你。

别了，我的爱。

他望着屏幕的双眼顿时眼泪奔涌，屏幕上的字模糊得无法辨识，他再也压抑不住胸口的灼痛，放声痛哭。

是我该求你的原谅！

一切都是我的错，我不该扔下你一个人的……

屏幕中再次浮现的是她甜美的笑容和一处幽静的墓园，墓碑上刻着的正是她的名字。

发信的日期已经超过三年。

最后——

泪流不尽那错开的回忆，填补不了心中掏空的痕迹，我在漆黑中留下我最真的心情，请收到这封信的人帮帮我，让我早一天遇到他。

信后附着许多收到这封信的人所留的话语，有加油的字句，也有感动的字句。

一瞬间，所有深埋的记忆全都浮现，他想起了她的笑，想起了在一起的点点滴滴，也想起了自己的心还有痛的感觉。

沉默了一会儿，他拭去泪水，打上几个字，然后发送出去。

我终于见到你了。 = ^ T ^ = This is cat.

九月

September

　　我们都曾经以为，有些事情是不可以放手的。时日渐远，当你回望，你会发现你曾经以为不可以放手的东西，只不过是生命瞬间的一块跳板。你跳过了，就可以变得更精彩。人在跳板上，最辛苦的不是起跳那一刻，而是起跳前内心的挣扎、无助和患得患失。我们以为跳不过去了，闭上眼睛，鼓起勇气，就成功了。

在我身上，你或许会看见秋天

You may see autumn in my body.

    这片森林很大，密密麻麻地长满了各种阔叶树木。通常，每年这时天气都很寒冷，甚至会下雪，可是今年的11月却相当暖和。如果不是整片森林都布满落叶，你会以为这是夏天。落叶有的红，有的呈金黄色，有的则是斑驳的杂色。这些树叶曾经受到风吹雨打，有些在白天脱落，有些在夜间掉下，如今已在森林的地面上铺成了一张很厚的地毯。它们虽然浆液已干，但还散发着一种怡人的芬芳。阳光透过树枝照射着落叶，经历过秋风冷雨而存活下来的蠕虫、蝇蚋在叶上爬行。落叶下面的空隙，为蟋蟀、田鼠以及其他许多在地下寻求庇护的动物提供了藏身之所。

    一棵叶子几乎落光的树，只有顶端的一根小树枝上还挂着两片叶子：朝朝和暮暮。朝朝和暮暮自己也不知道是何原因，竟然能逃过历次风雨和寒夜。其实有谁知道为什么一片叶子会落下，而另一片留存？不过朝朝和暮暮相信，答案在于他们彼此深深相爱。朝朝的身形稍微比暮暮大，也年长几天，可是暮暮较为美丽、细致。在风吹雨打或冰雹初降时，一片叶子帮不了另一片叶子什么大忙。不过，朝朝总是一有机会就鼓励暮暮。每逢遇到雷电交加，暴风雨把整条树枝都扯断的时候，朝朝就恳切地给暮暮加油："坚持下去，暮暮！全力坚持下去！"

在寒冷的暴风雨之夜，暮暮有时会埋怨："我的大限已到，朝朝，你坚持下去吧！"

"为什么？"朝朝问，"没有你，我的生命是没有意义的。如果你掉下去的话，我也会跟着你掉。"

"不，朝朝，不要这样做！一片叶子只要能维持不坠，就不可放手。"

"那就要看你是否跟我在一起了。"朝朝回答，"白天，我欣赏你的美；夜晚，我闻到你的芳香。要我做树上的孤独叶子吗？不，绝不行！"

"朝朝，你的话虽然很甜，可不是事实。"暮暮说，"你明知我已不像从前那样美丽了。看，我有多少皱纹，我已变得多么干瘪！我只留下一样东西——我对你的爱。"

"那还不够吗？在我们所有的力量当中，爱是至高至美的。"朝朝说，"只要我们相亲相爱，我们就会留在这里，没有什么风雨雷暴能够摧毁我们。我可以告诉你一件事，暮暮——我爱你从来没有像现在这样爱得深。"

"为什么，朝朝？为什么？我全身都已经变黄了啊？"

"谁说绿色美黄色不美？所有颜色都同样漂亮。"

就在朝朝说这些话的时候，暮暮一直担心的事发生了：一阵风吹过来，把朝朝从树枝上扯去。暮暮开始震颤摆动，好像也快要被风吹走，可是，她仍紧紧地抓着不放。她看见朝朝坠下时在空中摆荡，于是用叶子的语言喊他："朝朝，回来！朝朝！朝朝！"

但她的话还没有说完，朝朝便消失不见了，他已和地面上的其他叶子混在一起，留下暮暮孤零零地挂在树上。

只要白天仍在继续，暮暮就可以设法忍住悲伤。但苍穹渐黑，气温下滑，而细雨亦开始降下时，她便感到万念俱灰。不知怎么回事，她觉得树叶的一切不幸都该归咎于树的本身，归咎于那拥有无数强劲分枝的树干。树叶会落下，树干却巍然屹立，牢固地扎根于泥土中，任凭风雨冰雹都不能把它推倒。一片叶子的遭遇，对一棵很可能永远活下去的树来说，算得了什么？在暮暮看来，树干有些自私，它用叶子遮盖自己几个月，然后把叶子撇掉。它用自己的浆液滋养叶子，高兴滋养多久就多久，然后让它们脱落而死。暮暮哀求大树把朝朝还给她，求大树恢复夏日情景，可是大树不理会她的恳求。

暮暮没想到一个夜晚会像今晚这样漫长，这样黑暗，这样寒冷。她向朝朝喊话，希望得到回答，可是朝朝无声无息，也没有活着的迹象。

暮暮对大树说："既然你已把朝朝从我身边夺走，那就把我也拿走吧。"

可是对于这个恳求，大树不加理会。

过了一会儿，暮暮打了个瞌睡。这不是酣睡，而是奇怪的慵懒。醒来后，暮暮惊讶地发觉自己已不再挂在树上。原来，在她睡着时，狂风已把她吹了下来。这和日出时她在树上醒来的感觉大不相同，她的一切恐惧与烦恼均已消除。而且，这次睡醒还带来了一种前所未有的体会。她现在知道，她已不再是一片任由风吹雨打的叶子，而是宇宙的一部分。暮暮透过某种神秘力量，明白了她的分子、原子、质子和电子所合成的奇迹，明白了她代表的巨大力量和她身为其中一部分的天意安排。

朝朝躺在她的身旁，彼此用前所未有的爱互相致意。这不是由机缘巧合或一时冲动所决定的爱，而是与宇宙同样伟大和永恒的爱。他们日夜害怕发生的事，结果不是死亡，而是拯救。轻风吹来，把朝朝和暮暮吹到空中，他们在翱翔时的那种幸福快乐，只有获得解放与宇宙成为一体时才能体会到。

一把伞送给这天

An Umbrella for the Day

我是一名大学刚毕业的老师，第一次带班级，带的是低年级小朋友，每次看到那些小朋友的笑容，我就把所有的烦恼都给忘了。不过当他们调皮时，我也真是抓狂，班里总共有36个小鬼头，个个都让我又爱又恨。

我很热爱自己的工作，但也会有灰心和无奈的时候。这些负面的感受大多来自班上的一位同学，他叫阿伟，个性孤僻，每次作业都拖很久，成绩也是最后一名，各科考试都在20分以下。这让我很担心，才小学一年级功课就这么差，以后怎么办呢？常听人家说小学老师是孩子启蒙的重要角色，对他以后的影响很大。因此，我更觉得自己有责任把他教好，但是处罚他没用，骂他也没改善，辅导他的话也只会听见他说："是的，老师。"过后仍是作业照样拖，考试照样不准备，我真不知道该怎么做才能让他进步。

有一天，我布置的家庭作业是写一篇作文，题目是"我的家庭"。放学时，我叫住刚背起书包的阿伟。

"老师，什么事？"稚气的脸蛋上，他睁着大大的眼睛问我。

"明天记得交作文，还有上次画画课的作业也只剩下你没交了！快补交吧！"

"是的，老师。"又是这句，他已经不知道对我说过多少次了，可是没有一次兑现。他脸上总是带着那么认真的表情，但我知道他的保证，实现的概率好小好小……

看着他的背影，我心里微微地叹气，这样一个有礼貌的孩子，做事却这么散漫，真希望他这次能说到做到。

隔天一早，班长收作业，果然阿伟又没有交。

"老师昨天不是还特别叮嘱过你吗？"我问。

他没有回答，只是低着头，抿着嘴巴。

"你到后面罚站一节课，好好反省一下。"

"是的，老师。"不管我处罚他或是骂他，他都不会生气地跺脚或噘嘴，仍是一副有礼貌的样子。

那天放学，忽然下起倾盆大雨。这场雨来得很突然，没几个人带雨具。因此，当我经过走廊时，看到许多小朋友在公共电话前排起长长的队，我想大概都是要打电话叫家长来接的。

我看到阿伟也在其中，还差一个就轮到他了。轮到他时，他走向前去，投了钱，拿起话筒，却连拨都还没拨，就挂上了电话，然后垂头丧气地离开，独自一人走进大雨中。

怎么会这样呢？我撑开伞，追上前去。

"阿伟，你怎么了，为什么不叫爸爸或妈妈来接你？"我蹲下身跟他说话。

"不用了，老师，我自己可以回家。"

"可是雨很大，你这样会感冒的，老师送你回家好了。"

"没关系，我家在学校对面。一下子就到了！"

"是吗？老师开车不用伞，这个先借你。要赶快回家啊！"我把伞移向他一些。

"谢谢老师。"他接过伞，然后又对我笑一笑。我摸摸他有点儿微湿的头发，开车回家。

离开学校一段路后，我突然想到我把手机忘在办公室了，于是我又折回去拿。坐在车内，雨刷不停地来回挥动，雨还是很大。在等红绿灯的时候，有一个熟悉的身影映入了我的眼帘。是阿伟！他走到一间房子门前，拿出钥匙，开门进去。

"他家在这儿？"我低声自言自语。怪了，他不是说他家在学校对面吗？可是这里距离学校都快四里路了，一个7岁的孩子独自走四里路回家，实在令人心疼。不过我不懂他为什么要骗我，说他家在学校对面。是怕我吗？还是不好意思让我送他？绿灯亮了，后面的车按住喇叭催我走，我只好暂时抛开这个疑问，踩下油门。

第二天，阿伟把伞还给我。我不禁在想：为什么他会记得还我伞，却没有一次记得交作业呢？这孩子真是的！不过看他还伞的样子，让我有一种欣慰的感觉。

我问他："阿伟，你家真的住在学校对面吗？"

他安静了好久也没有回答我，看他的表情我知道，他昨天是在说谎。

"老师，对不起！"他满怀歉意地说。

"可以告诉老师为什么要说谎吗？"

"因为我不想麻烦老师，我自己可以回家。"听到回答，我很惊讶一个7岁的孩子能说出这么懂事的话。

"阿伟，老师送你回家不会很麻烦，知道吗？"

"嗯！"

"以后不要骗老师呀！"

"好！"

"好了，回教室去吧！对了，要记得交作业。"

"遵命！"他敬了个礼，转身走出去。

我暗想，这孩子如果能改掉那些缺点，一定会非常完美。

"老师！老师！"阿伟边跑边叫，好像很兴奋的样子。

"嗯？"我回过头，看着他胀红的小脸蛋。

"老师，我要交作文。"他摊开一张折小的作文纸。

"阿伟好乖，终于交了。来，这个给你当奖励，以后也都要交作业啊！"我伸手从口袋里拿出一颗糖果给他。

"好，谢谢老师！"他拿过糖果，小心翼翼地放进口袋，脸上挂着开心的微笑。其实我更高兴，他现在拖作业的时间明显变短了，这样的进步让我感到很欣慰。在回办公室的路上，我看了他的作文，歪歪扭扭的铅笔笔迹，写在一张似乎擦过很多次的稿纸上。内容很简短，也很可爱。他写道：

我的家庭

我家有三个人，一个是我，一个是爸爸，一个是妈妈。我的爸爸很帅，妈妈很漂亮。爸爸每天出门辛苦地工作，我每天也要辛苦地去上学。只有妈妈最幸福，每天只要轻松地待在家里等我和爸爸回家就可以了。有时候我好羡慕妈妈！听同学说自己的父母会吵架，不过我爸爸和妈妈的感情很好，从来不吵架，所以我家很和谐，很快乐。放假时，我最喜欢跟爸爸妈妈一起看电视了。虽然爸爸工作很忙，没办法常常带我们出去玩，不过没关系，因为我们在一起很快乐，我爱我爸爸和我妈妈。

看完之后，我笑了，觉得阿伟真是个可爱的孩子，竟然说自己上学很辛苦，妈妈在家很轻松，下次有机会一定要告诉他，当家庭主妇可不轻松呢！

他的文章中流露出纯真，也能让人看出他家庭的美满和快乐，他爸妈在家里一定很疼他。

不过，我还没为阿伟开心多久，班长就急忙跑到办公室说："老师，班上有男生在打架！"

我的天哪，打架？我最怕孩子们打架了！要是打得青一块紫一块，我要跟家长解释半天。我赶到教室，制止他们："阿伟、小光，你们两个在干什么？"我一喊，那两个扭打在一起的孩子马上停止了动作。

"为什么打架？"

"他先打我的！"小光先开了口。

"阿伟，你为什么打他？"

"因为……他抢了老师给我的糖果。我叫他还我，他不听。"阿伟一字一字慢慢地说。

"可是不管发生什么事都不能打人。还有你，别人的东西不可以乱拿，你们两个都有错。互相道歉，然后握手！"

我面无表情地说着，但是心里顿了一下，只是一颗小小的糖果，就让平常孤僻、不爱与人争抢的阿伟动手打人，看来他很看重那颗糖果。

"对不起！"

"对不起！"

两个孩子带着倔强道歉，与对方握手言和。

放学时，我又看到阿伟一个人站在走廊上。

"阿伟，在等谁啊？"

"我爸爸说今天有空，可以来接我！"

"对了，老师前几天发的家长座谈会的回执你还没交，明天交的话，老师送你一整包糖！"

我想起他今天为了糖果和同学打架的事，于是和他这么商量着。

"真的吗？"他瞪大眼睛看着我。

"当然是真的！来勾勾手。"我伸出小指牵着他的小指，然后两人在一起盖上拇指印。

"一言为定！老师先走了。"

第二天，我摇着手上的那包糖说："阿伟，你看，老师糖果都买来了，你有没有带回执？"

"老师，对不起，我忘了带。"他很懊恼地说。

"那你不能吃糖了。不过只要你明天能补交作业的话，老师还会给你糖果吃，知道了吗？"

看他一脸不能吃糖的懊恼样子，我有些于心不忍。

"以后我交作业，都会有糖吃吗？"他喜出望外地问我。

"对啊！但要把缺的都补上，以后新的作业也要准时交！"我叮嘱他。

走到办公室，我忽然想起来，那个家长座谈会今天就要确定人数，刚刚也忘了问阿伟的家长会不会来。咦，记得他作文上写的，妈妈都在家。那打电话问问看好了，顺便跟他妈妈聊一下阿伟的事。

"嘟——嘟——"等了好久，电话还是没人接。

可能出去了吧！算了，回头问阿伟好了。

接下来的几天，我能感觉到阿伟都在尽量交作业。我很高兴他有这样的进步，除了糖果帮上很大的忙以外，我觉得称赞好像也是一大动力。每次我称赞他时，他的表情都那么欢愉，那么得意。

有一次我在和班上的几位小朋友聊天时，其中一个女生像发现新大陆般的说："老师，我跟你说，阿伟很奇怪！"

"奇怪？不会啊。他怎么了？"我不解地问。

"就是啊，上次我看到他在走廊上打电话给他妈妈。"

"那有什么好奇怪的？"小朋友通常都很黏妈妈，打电话给妈妈有什么好怪的。

"可是老师，内容很怪啊，我听到他跟他妈妈说：'妈，今天我交了作业，老师奖励给我糖果呢！'哪有人打电话回去跟妈妈讲这些啊，回家再讲就好了啊！"那个女生一口气说完。

"真的吗？好无聊，打电话说这个。"

"啊，我之前也听见过。"其他的孩子也马上发表意见，都认为阿伟的这个行为很怪。

"还好吧，可能他想赶快让他妈妈知道。不要想太多，阿伟是个很有礼貌的小孩，虽然他功课不好，作业都会拖，不过他还是有很多优点。你们要学习他好的地方，顺便也要帮助他改正坏的习惯。"我对那些孩子说，希望他们不要因为这些小事就觉得阿伟是个怪孩子，这样只会让孤僻的阿伟变得更不愿与人往来。而且我花了好多心思才让他稍微有点儿进步，我可不想他和同学的相处又出什么问题。小朋友们听完后，也就不再讨论这件事。

转眼就是教师节，那天下课时，小朋友们忽然一拥而上。

"老师，教师节快乐！"班上一个女孩儿边说边递上一张卡片。

"哇！这是你自己画的？好漂亮啊！谢谢，老师很喜欢。"

我看着那张用彩色笔描绘出的女生，我猜她是在画我，里面用拼音写着密密麻麻的字，看得我好感动。

"老师，这个送你！"

"包装这么漂亮，是什么啊？"我好奇地问。

"老师你自己猜！"

"老师还有我的！"

"老师，这边啊！"

当我离开教室要回办公室整理东西时，手上已经提满大包小包的礼物了。我坐在办公室里，边笑着拆礼物边红着眼眶，觉得自己无论再怎么辛苦都是值得的。

我走到车库，忽然听到小朋友们打架的声音。又是阿伟！他看起来很生气，这次是在跟峰仔打。我上前去劝阻，任凭怎么喊也没用。于是，我拉开他们问："是谁先动手的？"

"他！"峰仔指着阿伟。

"又是你，你为什么总是喜欢打人呢？"阿伟让我好失望。

他仍旧低着头不说话。

"说啊！为什么打人？"我很生气地吼他。

他照样低着头，连看都不看我。我气极了，用比刚才更大的音量说："阿伟，抬起头！告诉老师为什么打人？"

"因为他偷听我跟我妈妈讲电话！"他边哭边吼，我从没见过他哭，不管是被我罚，被我骂，还是被我打，他都没哭过。我被他这样的反应吓到了。

他的泪水一颗一颗地落在面颊上。

"偷听你讲电话你就要打人？需要这样吗？而且在走廊上打电话，旁边人那么多，怎么算偷听？"我觉得他打人的理由太不理智了。

他没有回答，但眼泪越掉越多。我觉得我有必要跟阿伟好好沟通，纵使被偷听电话的感觉很不好，可也犯不着打人吧？

于是我先对峰仔说："峰仔你也不应该偷听人家说话，你先跟阿伟说句对不起。然后，你先回家。"

"对不起！"峰仔对阿伟敬了个礼，就收拾好刚刚打架散落的书和外套，走出校门。

现在只剩下我和阿伟，我想好好地跟他聊一聊，因为我真的很喜欢这个孩子，只是他常常做出让我觉得"怎么会这样的事情"。我正想开口说话，他从地上捡起一张用橡皮筋捆住的图画纸交给我，然后用哽咽的声音说："图画……作业。"

他交作业了，我是何等开心，不过现在不是表扬他的时候。

"老师很高兴你今天交了作业，老师也一直很喜欢你，不过有时候你让老师好失望，因为你有时候很不乖，但是老师知道你很懂事。今天你为了这些小事打人，老师觉得——"我话才说到一半，他抹着眼泪大喊说："他笑我！"

"笑你？峰仔笑你？他笑你什么？"

"他笑我和我妈妈说的话！"他的眼泪没有停过，抽噎着说。

"你跟你妈妈说什么了？可以跟老师说吗？"

我不懂，和妈妈说的话能有什么可以取笑的地方？

他又低着头了，好像不太想说。

"没关系，老师不会笑你，跟老师说。"

过了一会儿，他像录音机一样重新播放了他对他妈妈说的话："喂！妈妈，我跟你说啊，最近我都交作业了，老师都表扬我了呢！老师对我很好，都会给我糖果吃，今天我还准备了画画的作业要交给老师，这个作业我拖了好久好久，因为我不知道要怎么画你。对啊，题目就是'我的妈妈'，真的好难画！都怪你，妈妈我跟你说，我好想你呀！我真的好想你呀！你到底要睡到什么时候才肯睁开眼睛来看我？还有，今天是教师节，我看爸爸每天都拿两朵玫瑰花插在你照片前的花瓶里，我想老师跟你一样是女生，应该也会喜欢花吧！所以我叫爸爸多买两朵给我，我要带到学校来送老师，你不要生气。再见。"

他说完以后拿出书包里被压得稍微变形的玫瑰花，走到我面前对我说："老师，教师节快乐！"

我说不出话来，就抱着他一直哭。

"老师，峰仔笑我是疯子。他说我妈妈已经死了，怎么还假装在跟她讲电话。老师，对不起，我不会再打人了。"

我哭得好伤心，我好心疼。心疼这么一个孩子，没有母亲的照顾，父亲工作没空管教，他却能这么懂事。我想象他当作自己妈妈还活着跟他通电话时的那种心情，像他写作文描写妈妈的地方，多么让人揪心。尤其当同学识破他的时候喊出来的那句话，好残忍，真的好残忍。

"对不起！"我对他说。

我感到很抱歉，我是他的老师，却没有好好了解这个孩子。

我一直无法平复自己的心情，不知道这么抱着他哭了多久。

晚上，我打开阿伟的画，我的泪又停不住了。他画的是一张桌子，桌子上有一张女人的照片，前面放着两个小花瓶，里面插着红红的玫瑰花。

我在右下角用红笔打上了100分！

原来命运就是这么安排的

Originally the fate is so arranged.

在从纽约到波士顿的火车上，我发现邻座的老先生是位盲人。

我的博士论文指导教授是位盲人，因此我和盲人交谈起来一点儿困难也没有。我们攀谈起来，我还弄了一杯热腾腾的咖啡给他喝。当时正值洛杉矶种族暴动时期，因此，我们就谈到了种族偏见的问题。

老先生告诉我，他是美国南方人，从小就认为黑人低人一等，他家的用人是黑人，他在南方时从未和黑人一起吃过饭，也从未和黑人一起上过学。

到了北方念书，有一次，他筹办野餐会，居然在请帖上注明："我们保留拒绝任何人的权利。"在南方，这句话的含义就是"我们不欢迎黑人"，当时全班哗然，他还被系主任抓去骂了一顿。

他说有时外出买东西，碰到黑人店员，付钱的时候，他总是先将钱放在柜台上，再让黑人拿去，而不愿自己的手与黑人的手有任何触碰。

　　听后，我笑着对他说："连手都不能碰，那你更不会跟黑人结婚了。"他大笑起来："我不和他们来往，如何会跟黑人结婚？说实话，我当时认为任何白人和黑人结婚都会使父母蒙羞。"

　　可是，他在波士顿读研究生的时候，出了车祸。虽然大难不死，眼睛却完全失明，什么也看不见了。他进入一家盲人疗养院，在那里学习盲文，学习靠手杖走路，后来，终于也能够独立生活了。

　　"可是，我最苦恼的是，我弄不清楚对方是不是黑人。"他说，"我向我的心理辅导员谈这个问题，他也尽量开导我。我非常信赖他，什么都告诉他，将他看成自己的良师益友。有一天，那位辅导员告诉我，他本人就是位黑人。从此以后，我的偏见就渐渐地消失了。我再也看不见别人是白人还是黑人。对我来讲，我只知道他是好人还是坏人，至于肤色，对我已毫无意义了。"火车快到波士顿，老先生又说："我失去了视力，也失去了偏见，这是多么幸福的事！"

　　在月台上，老先生的太太已在等他，两人亲切地拥抱。我赫然发现，他的太太竟是一位满头银发的黑人。

如果当初我勇敢

If I was brave at that time.

　　辽宁北部有一座中等城市：铁岭。在铁岭工人路街头，几乎每天清晨或傍晚，你都可以看到一个老头儿推着豆腐车慢慢走着，车上的蓄电池喇叭发出清脆的女声："卖豆腐，正宗的卤水豆腐！豆腐咧——"那声音是我的。那个老头儿，是我爸爸。爸爸是个哑巴，我直到长到二十几岁的今天，才有勇气把自己的声音放在爸爸的豆腐车上，替换下他手里摇了几十年的铜铃铛。

　　两三岁时我就懂得有一个哑巴爸爸是多么屈辱，因此我从小就恨他。当我看到有的小孩被妈妈使唤着过来买豆腐却拿起豆腐不给钱就跑、爸爸伸直脖子也喊不出声的时候，我不会像大哥一样追上揍那孩子两拳，我伤心地看着那情景，一声不吭，我不恨那孩子，只恨爸爸是个哑巴。因此，尽管我的两个哥哥每次帮我梳头都疼得我龇牙咧嘴，我还是坚持不让爸爸给我扎小辫儿。妈妈去世的时候没有留下大幅遗像，只有出嫁前和邻居阿姨的一张合影，黑白的二寸照片。爸爸被我冷落的时候，就翻看妈妈的照片，直看到必须做活了，才默默离开。

最可气的是别的孩子叫我"哑巴老三"（我在家中排行老三），骂不过他们的时候，我会跑回家去，对着正在磨豆腐的爸爸在地上画一个圈，往中间吐上一口唾沫。虽然我不明白这究竟是什么意思，但别的孩子骂我的时候就这样做，我想，这大概是骂哑巴的最恶毒的表示了。

我第一次这样骂爸爸的时候，爸爸停下手里的活儿，呆呆地看了我好久，泪水像河水一样淌下来。我很少看到他哭，但那天他躲在豆腐坊里哭了一晚上。那是一种无声的悲泣。由于爸爸的眼泪，我终于为自己的屈辱找到了出口，以致以后的日子里，我经常跑到他跟前去骂他，然后自顾自走开，剩下他一个人发一阵子呆。后来他已不再流泪，只是把瘦小的身子缩成更小的一团，偎在磨杆上或磨盘旁边，显出更让我瞧不起的丑陋样子。

我要好好念书，上大学，离开这个人人都知道我爸爸是个哑巴的小村子！这是我当时的最大愿望。我没留意过哥哥们是如何相继成了家，没留意过爸爸的豆腐坊里又换了几根新磨杆，没留意过冬来夏至那磨光了的铜铃铛响过多少村村寨寨，只知道仇恨般的对待自己，发疯地读书。

我终于考上了大学，爸爸头一次穿上1979年姑姑为他缝制的蓝褂子，坐在1992年初秋傍晚的灯下，表情喜悦而郑重地把一堆还残留着豆腐腥气的钞票送到我手上，嘴里哇啦哇啦地不停"说"着，我则茫然地听着他的热切和骄傲，茫然地看他带着满足的笑容去通知亲戚、邻居。当我看到他领着二叔和哥哥们把他精心饲养了两年的大肥猪拉出来宰杀掉，请遍父老乡亲庆贺我上大学的时候，不知道是什么碰到了我坚硬的心弦，我哭了。吃饭的时候，我当着大伙儿的面给爸爸夹上几块猪肉，流着眼泪叫着："爸，爸，您吃肉。"爸爸听不到，但他明白了我的意思，眼睛里放出从未有过的光亮。泪水和着散装的高粱酒大口喝下，再吃上女儿夹过来的肉，我的爸爸，他是真的醉了，他的脸那么红，腰板儿那么直，手语打得那么潇洒！要知道，18年啊，18年，他从来没见过我对着他喊"爸爸"的口型啊！

爸爸继续辛苦地做豆腐，用带着豆腐淡淡腥气的钞票供我读完大学。1996年，我毕业分配回到了距老家40里的铁岭。

安顿好了以后，我去接一直单独生活的爸爸来城里享受女儿迟来的亲情，可就在我坐着出租车回乡的途中，车出了事故。

我从大嫂那里知道了出事后的一切：

过路的人中有人认出这是老涂家的三丫头，于是腿脚麻利的大哥、二哥、大嫂、二嫂都来了，看着浑身是血不省人事的我哭成一团，乱了阵脚。最后赶来的爸爸拨开人群，抱起已被人们断定必死无疑的我，拦住路旁一辆大汽车，用他的腿撑着我的身体，腾出手来从衣袋里摸出一大把卖豆腐的零钱塞到司机手里，然后不停地画着十字，请求司机把我送到医院抢救。嫂子说，一生懦弱的爸爸，那个时候，显出无比的坚强和有力量！

在认真地帮我清理伤口之后，医生建议我转院，并暗示哥哥们我已没有抢救价值，因为当时的我几乎量不到血压，脑袋被撞得像个瘪葫芦。

爸爸扯碎了大哥绝望之间为我买来的丧衣，指着自己的眼睛，伸出大拇指，比画着自己的太阳穴，又伸出两个手指指着我，再伸出大拇指，摇摇手，闭闭眼，那意思是说："你们不要哭。我都没哭，你们更不要哭，你妹妹不会死的，她才20多岁，她一定行的，我们一定能救活她！"医生仍然表示无能为力，他让大哥对爸爸"说"："这姑娘没救了。即使要救，也要花好多好多钱，就算花了好多钱，也不一定能行。"爸爸一下子跪在地上，又马上站起来，指指我，高高地扬扬手，再做着种地、喂猪、割草、推磨的姿势，然后翻出已经掏空的衣袋，再伸出两只手反反正正地比画着，那意思是说："求求你们了，救救我女儿，我女儿有出息，了不起，你们一定要救她。我会挣钱交医药费的，我会喂猪、种地、做豆腐，我有钱，我现在就有4000块钱。"医生握住他的手，摇摇头，表示这4000块钱远远不够。爸爸急了，他指指哥哥、嫂子，紧紧握起拳头，表示："我还有他们，我们一起努力，我们能做到。"

见医生不语，他又指指屋顶，低头跺跺脚，把双手合起放在头右侧，闭上眼，表示："我有房子，可以卖，我可以睡在地上，就算倾家荡产，我也要我女儿活过来。"又指指医生的心口，把双手放平，表示："医生，请您放心，我们不会赖账的。钱，我们会想办法。"大哥把爸爸的手语哭着翻译给医生，不等译完，看惯了生生死死的医生已是泪流满面。他那疾速的手势，深切而准确的表达，谁见了都会潸然泪下！

医生又说："即使做了手术，也不一定能救好，万一下不来手术台……"爸爸肯定地一拍衣袋，再平比一下胸口，意思是说："你们尽力抢救，即使不行，钱一样不少给，我没有怨言。"伟大的父爱，不仅支撑着我的生命，也支撑起医生抢救我的信心和决心。我被推上了手术台。

爸爸守在手术室外，不安地在走廊里来回走动，竟然磨穿了鞋底！他没有掉一滴眼泪，却在守候的十几个小时里起了满嘴大泡！他不停做出拜佛、祈求上天的动作，恳求上苍给女儿生命！

天也动容！我活了下来。但半个月的时间里，我昏迷着，对爸爸的爱没有任何反应。面对已成"植物人"的我，人们都已失去信心。只有爸爸，守在我的床边，坚定地等我醒来！

他粗糙的手小心地为我按摩，他不会发音的嗓子一个劲儿地对着我哇啦哇啦地呼唤着，他是在叫："云丫头，你醒醒，云丫头，爸爸在等你喝新出锅的豆浆！"为了让医生护士们对我好，他趁哥哥换他陪床的空当，做了一大盘热腾腾的水豆腐，几乎送遍了外科所有医护人员。尽管医院有规定不准收病人的东西，但面对如此质朴而真诚的表达，他们都轻轻地接过去。爸爸便满足了，便更有信心了。他对他们比画着说："你们是大好人，我相信你们一定能治好我的女儿！"这期间，为了筹齐医疗费，爸爸走遍他卖过豆腐的每一个村子，用他半生的忠厚和善良赢得了足以让他的女儿越过生死线的支持，乡亲们纷纷拿出钱来，而父亲也毫不马虎，用记豆腐账的铅笔歪歪扭扭却认认真真地记下来：张三柱，20元；李刚，100元；王大嫂，65元……

半个月后的一个清晨，我终于睁开眼睛，我看到一个瘦得脱了形的老头儿，他张大嘴巴，因为看到我醒来而惊喜地哇啦哇啦大声叫着，满头白发很快被激动的汗水濡湿。爸爸，我那半个月前还黑着头发的爸爸，半个月就老去20年！

我剃光的头发慢慢长出来了，爸爸抚摩着我的头，慈祥地笑着。曾经，这种抚摩对他而言是多么奢侈啊。等到半年后我的头发勉勉强强能扎成小刷子的时候，我牵过爸爸的手，让他为我梳头，爸爸变得笨拙了，他一丝一缕地梳着，却半天也梳不出他满意的样子来。我就扎着乱乱的小刷子坐上爸爸用豆腐车改成的小推车上街去。有一次，爸爸停下来，转到我面前，做出抱我的姿势，又做个抛的动作，然后捻手指表示在点钱，原来他要把我当豆腐卖喽！我故意捂住脸哭，爸爸就无声地笑起来，隔着手指缝看他，他笑得蹲在地上。这个游戏，一直玩到我能够站起来走路为止。

现在，除了偶尔头疼外，我看上去十分健康，爸爸因此得意不已！我们一起努力还完了欠债，爸爸也搬到城里和我一起住了，只是他勤劳了一生，实在闲不下来，我就在附近为他租了一间小棚屋作为豆腐坊。爸爸做的豆腐香香嫩嫩，块儿又大，大家都愿意吃。我给他的豆腐车装上蓄电池喇叭，尽管爸爸听不到我清脆的叫卖声，但他知道，每当他按下按钮，他就会昂起头来，满脸的幸福和知足，对我当年的歧视竟然没有丝毫记恨，以至于我都不忍向他忏悔了。

我常想，人间充满了爱的交响，我们倾听、表达、感受、震撼，然而我的哑巴父亲让我懂得，大音希声，大爱无形。那是不可怀疑的力量，他把我对爱的理解送到高处。

十月

October

爱是恒久忍耐，又有恩慈；爱是不嫉妒，不自夸，不张狂，不做害羞的事，不求自己的益处，不轻易发怒，不计较人的恶，不喜欢不义，只喜欢真理；凡事包容，凡事相信，凡事盼望，凡事忍耐；爱是永不止息。

藏在被子里的爱

Hiding in the Quilt of Love

她是一个不幸的孩子，一出生，就被亲生父母丢到了乡下的桥头边。

她被一个40多岁的男人捡回家。男人因为家贫娶不起媳妇，是村里的老光棍。他把米磨碎了煮好喂她吃，抱着她睡觉，用破布给她当尿布，教她喊"爹"。当她第一次奶声奶气地叫"爹"时，男人高兴得一下子将她举过头顶，恨不得向全村的人炫耀，自己有女儿了。

她刚被捡来的时候很瘦弱，每天都哭个不停。男人抱着她向刚生过孩子的人家讨教带孩子的经验，人们可以看到40多岁的他每天下午都在河边洗成堆的尿布。农忙的时候，男人把她放在一个篮子里带到田边。男人收割，她就坐在篮子里玩，有时吃泥土，有时拽青草，小脸和小手都是黑的，男人不时回过头来看看她，嘿嘿地笑。

小女孩儿一天天长大，仍然瘦，但却健康起来，很少生病。男人不识字，给她取名"丫丫"。丫丫5岁的时候，男人自己动手改了自己好点儿的衣服给她穿，一边穿一边乐呵呵地说："姑娘家大了，整天光着腚多不像话。"

丫丫7岁的时候，同龄的孩子都开始念书了。男人看在眼里急在心里。他开始帮人做更多的活计，把微薄的酬劳一点点攒起来。一年后，他把丫丫送进了小学。为了存下更多钱，他开始跟着年轻的男人们一起上山砍柴烧炭。看着他背着自己体重两倍的大树往山下走，乡亲们都说："女孩子家，认不认字没什么两样，你何必这么拼命？"山路陡峭，稍不留神就可能摔个残疾，但他没有一天落下。

冬天过去，他烧的炭一共卖了800多块钱，够女儿两年的学费了。他觉得有了女儿后，日子忽然就有追求、有计划了。他计划着把女儿送进镇上的中学，自己也扬眉吐气一番。

丫丫的成绩果然很好，语文和数学每次都是双百。班主任说，这闺女的名字不像个名字，你爸姓王，就叫王水仙吧。

为了给她挣够上初中的钱，男人在砍柴的时候摔了一跤。他被村民们抬到卫生所，医生说，还好，没有骨折。但让他到镇里去看病，他坚决不肯。他在家里躺了三个多月，路是能走了，就是有些跛。连续三个月，水仙放了学就回家给他做饭吃，劈柴，洗衣服，样样都行。那时，她才11岁，艰辛的生活和贫寒的家境令她过早地成熟起来。

第二年，她考上了镇上的初中。怕她冷，男人把家里仅有的两床被子都装进了蛇皮袋，背到她学校。父亲从学校走后，她都不好意思把被子拿出来。同寝室的女孩儿们，被子要么是缎面的，要么和崭新的床单是一个花色。只有她，被子上净是破洞，里子发黄，面上是大红大绿。她心里难受，既担心父亲从此以后要在家里受冻，又宁愿冻死也不想拿出这两床奇丑的被子。但夜里实在是冷，她把被子拿出来，裹在身上，嘤嘤地哭了……

在班里，她永远是一个贴着墙根儿走的女孩儿，但是她一直是第一名，所以并没有人欺负她。只是没有人知道，她渴望的，其实并不是老师念分数时同学们的惊呼，而是一床漂亮的、没有异味的被子。

初二的一天，父亲忽然找到学校来，他身后跟了一对激动的夫妻。那个女人说："一见到她我就觉得是……"两人把她的脸摸了又摸，她看着局促不安的父亲，忽然明白了。

父亲过来理了理她的衣服，悲伤地说："不是爹不要你，这是你的亲生父母，他们家条件好，你跟他们走，以后还可以上大学……"她茫然地看着这一切，那对夫妇要给她父亲2万元钱，但被他拒绝了。她甚至还没有来得及回一趟村里，就被新爸爸妈妈带走了。她从来没有见过如此富丽堂皇的家，她有一个自己的房间，一张自己的床，床上是花色相同的床单和被套。她咬了咬自己的手指，并不是在做梦啊。

她听话地改口叫他们爸妈。在他们面前提起养父，她聪明地改称"王叔叔"。她的名字也改成了"李楚楚"。她被送到了市里最好的学校,她的房间有一个小阳台,有自己的钢琴和电脑。父母给她很多零用钱,她一点点把它们攒了起来。虽然她不愿回到村子里,但是她惦记着"王叔叔",惦记着他在冬天有没有一床保暖的被子。

她每到放假就回去看望"王叔叔",每一次回去,都会轰动整个村子。走的时候,他总是会送她到村口,她看着他驼着背瘸着腿在夕阳下的影子,心里觉得非常不忍。

父母告诉她,他们是在没有结婚的时候生下了她,不得已把她丢到了乡下的桥边,很多年后两人结婚了,母亲却不能再怀孕了。

父母对她是否是亲生从来没有怀疑过,直到有一天父母带她去注射疫苗,查肝炎抗体的时候,顺便查了一下她的血型。结果出来以后,夫妻俩都呆住了。这个15岁的小女孩儿,根本不可能是他们的孩子。

夫妻俩商量了一夜,决定不把这个消息告诉她。他们养了她两年,即使是宠物也有了感情,何况是一个乖巧的且和他们的孩子同龄的苦命女孩儿,但是夫妻俩对她明显地冷淡起来。

她以为自己不够乖,便更加刻苦地学习。放学回到家里后,做饭、洗碗她全包了,可还是不能让父母满意。他们嫌弃她吃饭发出声音,嫌弃她在家里来客人时不够大方,嫌弃她做事情笨手笨脚。

她开始想念养父。虽然家里穷，但是他从来没有嫌弃过自己。她在10岁的时候还尿过床，他都没有说过她一句。

上初三的一天，她忽然昏倒在地。被老师送到医院后，父母匆匆赶来。她脑袋里面长了瘤，需要做开颅手术。

父母动了把她送回去的念头。他们没有告诉她，只是默默地将她送到村子里，找到了她的养父。

养父什么话也没说，就把她拉进了屋子。他拉着她的手，眼泪淌下来："闺女，你不是他们的伢，他们不要你，爹带你去看病！"

得知水仙得了大病，被送回了村子，乡亲们都跑来看。她躲在家里哭，哭够了，趴在窗台上看着叫了两年多的爸妈灰溜溜地开着车走了。她知道，他们再也不会回来了。

她又开始叫男人"爹"。爹带着她去城里看病，医生说，医疗费用至少要3万块。3万元，对男人来说无异天文数字。走投无路，他决定去找那对夫妇，当初他们曾那样执意地要塞给他2万元。但是他们的回答是："如果我们肯给钱，何必还把她送还给你？"

他不肯妥协，日夜坐在那对夫妇门前，对过往的每一个人讲述水仙的命运。他知道这样做也许有些下作，但是为了救女儿的命，他再也没有别的办法了。夫妇俩不胜其烦，终于扔下2万元给他，加上他的积蓄和乡亲们的帮助，他勉强支付了医药费。

由于是良性肿瘤，手术做得很成功。他接女儿回去的时候，村子里放起了鞭炮。大家看着这对父女蹒跚地走进家门，不知道是谁先抹起的眼泪，整个村子唏嘘声一片。

他的背更驼了，脚也更跛了。可她开始相信，他是世上最伟大的男人。因为他给了她其他人都不曾给予的，她曾经以为并不那么重要的，像那两床被子一样卑贱微薄，却足以温暖一生的爱。

20美元的时间

Time of 20 Dollars

一位父亲，下班回到家时已经很晚了，他很累，也有点儿烦，发现5岁的儿子正靠在门旁等他。

"爸爸，我可以问你一个问题吗？"

"当然可以，什么问题？"父亲回答。

"爸爸，你一小时可以赚多少钱？"

"这与你无关，你为什么问这个问题？"父亲生气地问。

"我就是想知道，请告诉我，你一小时赚多少钱？"儿子哀求着。

"假如你一定要知道的话，告诉你吧，我一小时赚20美元。"

"哦。"儿子低着头应着。

儿子说："爸爸，可以借我10美元吗？"

父亲发怒了："如果你问这个问题，只是要借钱去买毫无意义的玩具或其他什么东西的话，给我回到你的房间，好好想想为什么你那么自私。我每天辛苦工作，没时间和你玩小孩子的游戏！"

儿子安静地回到自己的房间并关上门。

这位父亲坐下来，还是对儿子的问题感到生气——他怎么敢为了钱问这种问题？

大约一小时后，他平静下来，心想自己可能对儿子太凶了，或许他的确应该用那10美元去买儿子真正需要的东西。

爸爸走到儿子房间外，轻轻推开了门。

"你睡了吗，孩子？"他问道。

"爸爸，还没，我还没睡。"儿子回答。

"我想我刚才可能对你太凶了。"父亲说，"但我将今天的闷气都爆发出来了。给，这是你要的10美元。"

儿子笑着坐直了身子："爸爸，谢谢你。"接着，儿子从枕头下摸出一沓被弄皱了的钞票。

爸爸看到儿子已经有钱了，气得又要发脾气。

儿子慢慢地数着钱，不时还看看他的爸爸。

"为什么你有钱还向我要钱？"爸爸生气地问。

"因为，之前我需要的钱还不够，但现在足够了。"儿子回答。

"爸爸，我现在有20美元了。我可以向你买一个小时的时间吗？明天请早一点儿回家，我想和你一起吃晚餐。"

只有善良才能唤醒善良

Only goodness wakes up goodness

17岁那年，我好不容易找到一份临时工作。母亲喜忧参半：家有了指望，但又为我的毛手毛脚操心。

工作对我们孤儿寡母来说太重要了。我中学毕业后，正赶上"大萧条"，一个差事会有几十上百个失业者竞争。多亏母亲为我的面试赶做了一身整洁的海军蓝，我才得以被一家珠宝行录用。在商店的一楼，我干得挺起劲儿。第一周，受到领班的称赞；第二周，我被破例调往楼上。楼上珠宝部是商场的心脏，专营珍宝和高级饰物，整层楼都是很气派的展品橱窗，还有两个专供客人看购珠宝的房间。我的职责是管理商品，在经理室外帮忙和传接电话，不仅要热情、敏捷，还要小心谨慎地防盗。

圣诞节临近，工作日趋紧张、兴奋，我也忧虑起来。忙季过后我就得走，回复往昔可怕的奔波日子。然而幸运之神却来临了。一天下午，我听到经理对总管说："那个小管理员很不赖，我挺喜欢她那个快活劲儿。"

我竖起耳朵听到总管回答："是，这姑娘挺不错，我正有留下她的意思。"

这让我回家时蹦跳了一路。

翌日，我冒雨赶到店里。距圣诞节只剩下一周时间，全店人员都绷紧了神经。我整理戒指时，瞥见那边柜台前站着一个男人，高个头，白皮肤，大约30岁，但他脸上的表情吓我一跳，他几乎就是这不幸年代的贫民缩影——一脸的悲伤、愤怒、惶惑，犹如陷入了他人设下的陷阱，剪裁得体的法兰绒服装已是破烂不堪，诉说着主人的遭遇。他用一种绝望的眼神，盯着那些宝石。

我感到因为同情而涌起的悲伤，但我还牵挂着其他事，很快就把他忘了。小屋打来要货电话，我进橱窗最里边取珠宝。当我急急地挪出来时，衣袖碰翻了一个碟子，6枚精美绝伦的钻石戒指滚落到地上。

总管先生激动不安地匆匆赶来，但没有发火。他知道我这一天是怎样干的，只是说："快捡起来，放回碟子。"

我弯着腰，几乎要哭出来地说："先生，房间还有顾客等着呢。"

"去那边，孩子。你快捡起这些戒指！"

我用近乎狂乱的速度捡回5枚戒指，但怎么也找不到第6枚。

我寻思它是滚落到橱窗的夹缝里了,就跑过去细细搜寻。

但是没有!突然,我瞥见高个男子正向出口走去。顿时,我猜到戒指在哪儿了。碟子打翻的一瞬间,他刚好在场!

当他的手就要触及门柄时,我叫道:"对不起,先生。"

他转过身来。漫长的一分钟里,我们无言对视。我祈祷着,不管怎样,让我挽回在商店里所犯的错误吧。碰翻盛有戒指的碟子是很糟糕,但终会被忘却;可要是丢失一枚戒指,那后果简直无法想象!而此刻,我若表现得急躁——即便我判断正确——也终会使我所有美好的希望化为泡影。

"什么事?"他问,脸部的肌肉正在抽搐。

我确信我的命运掌握在他手里,我能感觉到他进店不是想偷什么,他也许是想得到片刻的温暖和感受一下美好的时辰。我深知什么是苦寻工作而又一无所获,我还能想象得到这个可怜人是以怎样的心情看待这社会:一些人在购买奢侈品,而他一家老小却食不果腹。

"什么事?"他再次问道。猛然,我知道该怎样回答了。母亲说过,大多数人都是心地善良的,我不认为这个男人会伤害我。我望望窗外,此时大雾弥漫。

"这是我第一次工作,现在找个事儿做很难,是不是?"我说。

他长久地凝望着我，一丝十分柔和的微笑渐渐浮现在他脸上。"是的，的确如此。"他回答，"但我能肯定，你在这里会干得不错。我可以为你祝福吗？"他伸出手与我相握。我低声地说："也祝您好运。"他推开店门，消失在浓雾里。

我慢慢转过身，将手中的第6枚戒指放回了原处。

放手的价值

The Value of Letting Go

　　早上，一位妈妈正在厨房清洗碗碟，听到4岁孩子的哭声。

　　究竟发生了什么事呢？妈妈还没有将手擦干，就冲出厨房去看孩子，原来，是孩子的手插进了花瓶，花瓶上窄下宽，所以，他的手进去了就出不来。

　　妈妈试了不同的办法，但都不得要领，只要她稍微用力一点儿，孩子就疼得哭起来。无计可施，妈妈想出一个下策，就是把花瓶打碎。可是，这花瓶是一件价值连城的古董，她犹豫再三，还是忍痛将花瓶打破了。

　　孩子的手完好取出，她叫他伸手给她看看有没有损伤。孩子的拳头仍是紧握住的，无法张开，她以为这是抽筋，却没想到孩子手里握着一个5角的硬币。为了这一枚硬币，孩子的手被卡在花瓶内，这实在不是因为花瓶口太窄，而是因为他不肯放手。

　　孩子的做法，类似深陷感情当中的我们。当有一天问题出现，你觉得天都要塌下来，希望寻求解脱方法，但全都是徒劳。别人说：问题不是你所想的那么复杂，只要你肯放手就解决了。你却偏偏不肯放手。感情的事，很多时候都是盲目的。你曾为他做的事，当时，你觉得天经地义；今天，你却感到荒谬至极。

有一天，可能你也会像小孩一样，发现自己被感情问题卡住了，动弹不得。这时，你不会想这样值不值，你只会想我还爱不爱。只要是爱，你便觉得没什么好犹豫的。你会很努力地解决彼此之间的问题，你会一直守下去，不肯轻易放手。不放手就会痛苦，你宁愿不惜代价，消耗无数眼泪，虚度无数岁月，错失无数机会，也不愿相信，这份爱可能就是一枚5角硬币。

不只你在贫穷中长大

Not only you grew up in poverty.

那是一个春天的下午，在高中生物课上，每个学生都被要求熟练地解剖一只青蛙，今天轮到我了，我早早就做好了准备。

我穿着自己最喜欢的一件格子衬衫——这件衬衫让我显得很精神。对于今天的实验，我事前已经练习过很多次了，我充满信心地走上讲台，微笑着面对我的同学，抓起解剖刀准备动手。

这时，一个声音从教室的后面传来："好棒的衬衣！"

我努力当它是耳边风，但这时又有一个声音在教室后面响起："那件衬衣是我爸爸的，他妈妈是我家的用人，她从我们家给救济站的布袋里拿走了那件衬衣。"

我的心沉了下去，无法言语。那可能只有一分钟的时间，对于我却像是有数十分钟之久，我尴尬地站在那里，脑中一片空白，台下所有的目光都聚集在我的衬衣上。我曾经凭借出色的口才竞选上了学生会副主席，但那一刻，我生平第一次站在众人面前哑口无言。我把头转到一边，然后听到一些人不怀好意地大笑。我的生物老师要我开始解剖，我沉默地站在那里，他重复，我仍然一动不动。过了一会儿，他说："富兰克林，你可以回去坐下了，你的成绩是D。"

我不知道哪一种状况更令我尴尬，是得到低分还是被人揭了老底。回家以后，我把衬衣塞进衣柜的最底层，妈妈发现了，又把它挂到了衣柜的显眼处。我又把它藏起来，妈妈再一次把它移到外面。

一个多星期过去了，妈妈问我为什么不再穿那件衬衣了，我回答，我不喜欢它了。

她仍继续追问，我不想伤害她，却不得不告诉她真相。我给她讲了那天在班里发生的事。

妈妈沉默地坐下来，眼泪悄无声息地滑落。然后她给她的雇主打电话："我不能再为你家工作了。"并要求对方为那天在学校发生的事道歉。在那天接下来的时间里，妈妈一直保持着沉默，等我的弟弟妹妹们去睡觉后，我偷偷站在妈妈的卧室外，想听听事情的进展。

妈妈把她所受到的羞辱告诉父亲，她是怎样辞去工作，她是怎样为我感到难受。她说她不能再做清洁工作了，生活中应该有更重要的事情去做。

"那么你想做什么？"爸爸问。

"我想做一名老师。"她用斩钉截铁的语气说。

"可你没有读过大学。"爸爸说。

她充满信心地回答："对，这就是我要去做而且一定会做到的！"

第二天早晨，她去找教育部门的人事主管，主管对她的兴趣表示欣赏，但没有相应的学位，她是无法教书的。那个晚上，妈妈——一个有7个孩子的母亲，同时又是一个从高中毕业就远离校园的中年女人，和我们分享她要去上大学的新计划。

此后，妈妈每天要抽9个小时学习，她在晚餐桌上展开书本，和我们一起做功课。

第一学期结束后，她立即来到人事主管那里，请求一个教师职位。但她再一次被告知："要有相应的教育学位，否则就不行。"

第二学期，妈妈再次去找人事主管。

他说："我想你是认真的，我可以给你一个教师助理的位置。但是你要教的是那些内心极度叛逆、学习能力差、因为种种原因而缺乏学习机会的孩子，你可能会遇到很多挫折，很多老师都感到相当困难。"

妈妈是在用她的行动告诉我，怎样面对自己所处的逆境，并勇于挑战、永不放弃。

对我而言，那天我收好课本离开教室时，我的生物老师对我说："我知道，这对你来说是艰难的一天，但是，我会给你第二次机会，明天来完成这个任务。"

次日，我在课堂上解剖了青蛙，他改了我的分数，从D变成B。我想要A，但他说："你应该在第一次就做到，这对其他人不公平。"

当我收起书走向门口时，他说："你认为只有你不得不穿别人穿过的衣服，是吗？你认为只有你是从贫穷中长大的人，是吗？"我用肯定的语气对他说："是！"

我的老师用手臂环绕着我的肩膀，给我讲述了他曾经在绝望中成长的故事。在毕业的那一天，他被别人嘲笑，因为他没钱买一顶像样的帽子和一件体面的礼服。他对我说，那时，他只能每天都穿同样的衣服和裤子到学校。

他说："我了解你的感受，那时我的心情就和你一样。但是你知道吗，孩子？我相信你，我认为你是出众的，我的内心能感觉得到。"

后来，我竞选上了学生会主席，我的生物老师成为我的指导顾问。在我召开会议的时候，我总是寻找他的身影，而他在台下会对我竖起大拇指——这是一个只有他和我分享的秘密。

十一月

November

他向她求婚时，只说了三个字："相信我。"

她为他生下第一个女儿的时候，他对她说"辛苦了。"

女儿出嫁那天，他搂着她的肩说："还有我。"

他收到她病危通知单的那天，重复地对她说："我在这儿。"

她要走的那一刻，他亲吻她的额头轻声说："你等我。"

这一生，他没有对她说过一次"我爱你"，但爱，从未离开过。

谁应该进天堂

Who should go to heaven?

一天，一位盲人带着他的导盲犬过街时，一辆大卡车失去控制，直冲过来，盲人被当场撞死，他的导盲犬为了保护主人，也惨死在车轮底下。

主人和狗一起到了天堂门前。

天使拦住他俩，为难地说："对不起，现在天堂只剩下一个名额，你们两个当中必须有一个去地狱。"

主人一听，连忙问："我的狗又不知道什么是天堂，什么是地狱，能不能让我来决定谁去天堂呢？"

天使皱起了眉头，鄙视地看了这个主人一眼，她想了想，说："很抱歉，先生，每一个灵魂都是平等的，你们要通过比赛决定由谁上天堂。"

主人失望地问："什么比赛呢？"

天使说："这个比赛很简单，就是赛跑，从这里跑到天堂的大门，谁先到达目的地，谁就可以上天堂。不过，你也别担心，因为你已经死了，所以不再是瞎子，而且灵魂的速度跟肉体无关，越单纯善良的人速度越快。"

主人想了想，同意了。

天使让主人和狗准备好，就宣布赛跑开始。她满以为主人为了进天堂，会拼命往前奔，谁知道主人一点儿也不着急，慢吞吞地往前走着。更令天使吃惊的是，那条导盲犬也没有奔跑，它配合着主人的步调在旁边慢慢跟着，一步都不肯离开主人。天使恍然大悟：原来，多年来这条导盲犬已经养成了习惯，永远跟着主人行动，在主人的前方守护着他。可恶的主人，正是利用了这一点，才稳操胜券，他只要在天堂门口叫他的狗停下就可以了。

天使看着这条忠心耿耿的狗，心里很难过，她大声对狗说："你已经为主人献出了生命，现在，你这个主人不再是瞎子，你也不用领着他走路了，你快跑进天堂吧！"

可是，无论是主人还是他的狗，都像是没有听到天使的话一样，仍然慢吞吞地往前走，好像是在街上散步。

果然，离终点还有几步的时候，主人发出一声口令，狗听话地坐下了，天使用鄙视的眼神看着主人。

这时，主人笑了，他扭过头对天使说："我终于把我的狗送到天堂了，我最担心的就是它根本不想上天堂，只想跟我在一起……所以我才想帮它决定，请你照顾好它。"

天使愣住了。

主人留恋地看着自己的狗，又说："能够用比赛的方式决定真是太好了，只要我再让它往前走几步，它就可以上天堂了。不过它陪伴了我那么多年，这是我第一次可以用自己的眼睛看着它，所以我忍不住想要慢慢地走，多看它一会儿。如果可以的话，我真希望永远看着它走下去。不过天堂到了，那才是它该去的地方。"

说完这些话，主人向狗发出了前进的命令，就在狗到达终点的一刹那，主人像一片羽毛落向了地狱的方向。导盲犬见了，急忙掉转头，追着主人狂奔。满心懊悔的天使张开翅膀追过去，想要抓住导盲犬，不过那是世界上最纯洁善良的灵魂，速度远比天堂所有的天使快。

所以导盲犬又跟主人在一起了，即使是在地狱，导盲犬也永远守护着它的主人。

天使久久地站在那里，喃喃说道："我一开始就错了，这两个灵魂是一体的，他们不能分开……"

最后，我要说：在这个世界上，真相只有一个，可是在不同人眼中，却会看到不同的是非曲直。这是为什么呢？其实道理很简单，因为每个人看待事物，都不可能站在绝对客观公正的立场上，而会或多或少地用自己的经验、好恶和道德标准来进行评判，结果就是——我们看到了假象。

最重要的决定

The Most Important Decisions

　　我的双亲年老多病，在最后的时光里，他们多么希望能够厮守在自己的家中。

　　在一个漆黑的夜晚，凛冽的寒风夹杂着雨雪，一个劲儿地抽打着卧室的窗户玻璃。父亲从床上抬起头，用嘶哑的声音严肃地说："玛姬，我现在必须承认，我和你妈不能再在家里住了，你赶快把我们送到养老院去吧。"

　　在此之前，父母的医生已经和我就这件事谈了很多，但父亲说出这话来仍然使我感到震惊。在过去的几个月里，我年迈的双亲所祈求的一件事，便是两个人在自己家中，面对所熟悉的一切，安度晚年。我朝母亲看去，此刻她正紧挨父亲躺着。自结婚以来，她同他一直睡的是这张床。她曾是那样高大和丰满，现在却变得如此单薄和瘦小。

　　几天前，我从家飞来探望父母，以使他们尽快入住养老院。父亲因为肺炎和早期充血性心力衰竭而卧床不起，母亲也久病不愈。

尽管他们设法摆脱这种困境，但医生警告我说他们时日无多了。

"妈妈，您觉得养老院怎么样？"我问道。

只见妈妈的手在床上摸索着，最后紧紧抓住爸爸那饱经风霜的大手。

"我听你和你父亲的。"她答道。

"就这样了。"我对自己说，但仍然不希望这是真的。做决定的时刻终于到了。

和他俩一样，我一直希望永远也不要做这样的决定。我打量着这间卧室，它摆满了他们喜欢的物品：舒适的大双人床，别致的单人枕头，两个人都喜欢的绣花盖被，父亲那棕色的桃木写字台，他那陈旧的手动打字机，父亲作为礼物送给妈妈的蓝色大花瓶，墙上挂着数幅妈妈最好的画作。除了这间屋子，难道还有其他什么地方能让我的双亲感到安宁和幸福吗？

"我三年前就在养老院填表了，"爸爸说道，声音里充满了威严和力量，就像他40年来在教室里讲课一样，"是该把我们送去的时候了。"

我曾去过那家养老院，是我父亲以前的几个学生合伙开办的。养老院里窗明几净，员工都受过良好的培训，饭菜也丰盛可口，气氛轻松愉快。如果我把父母送到那儿，我想他们肯定会得到很好的照顾。

我一直相信，人们不应该为把他们挚爱的人送进养老院而感到内疚。其实养老院有时是最好的地方。但在目前这件事上，我力图摆脱这种想法，只为了一件事：我是父母唯一幸存的孩子，并且我住的地方离此地有700英里之遥。如果他们进了养老院，他们身边就没有亲人去看望和照顾了。

"不过我想——"我开口说道。

爸爸伸出手制止我："瞧，我知道你会坚持说我们可以过去同你们住在一起，但这是行不通的。我们必须实际一些。"

"实际"是他喜欢用的一个词。

"你住的地方离这儿太远了，"他接着说道，"我们身体太虚弱，经不住旅途的颠簸。再说你有自己的家需要照顾。唉，不行，你还是把我们送到养老院去，不要再优柔寡断了。"

爸爸是对的，那才是现实可行的事。但为什么我对那种想法的感觉如此差呢？为什么他们看上去这样伤感呢？

透过窗外怒吼的狂风，我隐约听见母亲在咕哝："我会时常想念这张床的。"

我一刻也不能再忍受他们的痛苦，于是我说："我去煮一壶咖啡。"我知道他俩在睡前都喜欢喝点儿东西。

我急忙转过身,逃跑似的离开了他们的房间。把咖啡壶接上电源后,我穿过门厅,来到客厅。我忐忑地拿起客厅里熟悉的物品,又赶忙放回原处。我的脑子嗡嗡作响,双手颤抖,从来没有过如此孤立无援的感觉。噢,上帝,伸出你的双手吧,我在无声的绝望中祈求,你听见了吗?

没有任何回答,唯有狂风在咆哮,仿佛要把房子推倒,也把我掀翻在地。我抚摩着墙上正好与手一样高的扶手,这些是我那讲究实际的父亲在一次跌倒后安上去的,现在整个房间每隔一定的距离都装上了这样的扶手。这些扶手使他能够在各个房间走动,而不必担心摔倒。是的,他是实际的,一点儿也不错。讲究实际且符合逻辑,这是一个数学老师应该具备的素质。

"好吧,那么就让我们实际一点儿吧。"一个冷冷的、生硬的声音从我脑后传来,"如果他们能进养老院,你就可以解脱了。不需要再倒便盆了,不需要再半夜起床了,也不必再忧心忡忡地看着他们逐渐衰老下去。他们身体虚弱,无法飞行。如果你要把他们带回家,你就必须租一辆带床铺的搬运车,让他们能够躺在上面,你还必须一路上带着氧气瓶,否则他们可能会在途中死去……"

但爸爸并不是真心想进养老院,妈妈私下曾这样告诉过我。即使妈妈不告诉我,我也知道这一点,他谈起这事时,仅从他那失神的眼睛里就可以看出来。

但话说回来，让他们搬到我现在住的地方无疑是一件很麻烦而又困难的事，因此肯定是不现实的。

"上帝，你必须帮帮我！"我失声哭了起来，"我受不了了！到底怎样做才对呢？"

四周寂静一片。

突然，好像有一盏明灯照亮了我的心田。暴风雨停住了，四周一片安宁，这正是我所祈求的结果。

我胡乱涂了一张字条，快速回到父母的房间。

"现在听着，"我对他俩说道，"在你们体力能恢复一些之前，我暂时把你们送进养老院。不过同时，我要租一部车把所有这些——"我抬起手对着房间里所有的东西扫了一大圈，"搬到我家。我在家里给你们准备一个房间，把你们所有的物品都摆进去。等到房子收拾好了，天气转暖，我就回来接你们。"

尽管他们都露出了微笑，但仍能从他们的脸上察觉到他们的疑虑。我会回来接他们吗？他们无法肯定。

几个星期后，我和丈夫又飞回来，我们租了一部搬运车，把爸爸妈妈接到我们的家。在他们到达的那天晚上，我将一壶咖啡和两个杯子送进他们自己的卧室。他俩依偎在自己的床上，枕着别致的枕头，一床绣花被盖在他们孱弱的身体上。父亲的写字台和打字机，还有那个大蓝花瓶，就靠墙摆放着。书桌上方挂着母亲的一幅画，画面是一盆盛开的野花。

"完全不实际。"父亲看到我进门，粗声粗气地说道。

六个星期以后，父亲走了，到了耶稣为他准备的地方。在父亲过世四个月后，母亲也随他而去。

后来，我在整理从父母家带回的一些盒子时，偶然发现一张字条，是在那个风雨交加的夜晚，我在不断地祈祷，终于有了答案后，匆匆写下的。字条是这样写的：有时明智的、合理的、可行的解决办法并不是最好的解决办法，因为它没有包含爱。有时候不合逻辑的、棘手的、大费周章的解决办法反而是最佳选择，因为这是通往爱的唯一途径。

我做了爱的选择，并且我认为父亲也许同意了——毕竟这已经证明是实际可行的办法。

52米高台上的母爱

52 meters high on the stage of a mother's love

她给电视台栏目组写信，前前后后写了16封。她说，她想参加蹦极比赛，一定要参加！电视台的工作人员被她打动了，可还是客气地回绝——她的条件离参赛要求太远了。

她又将电话打过去，一次又一次，第二十一次时，电视台的人终于不忍心再拒绝她，可那并不代表他们不会担忧。她51岁，是节目开播以来年纪最大的参赛选手，一位看上去弱不禁风的老妈妈，却要同那些一二十岁的年轻人一样，挑战生理与心理的极限。

2009年2月15日，在湖南卫视《勇往直前》的节目现场，她一出现就引起围观。走路都已略显蹒跚的她，在工作人员的帮助下，慢慢向52米的高度靠近。大家听到了她紧张的喘气声，也明显看到随着高度的增加，她的双腿在颤抖。"阿姨，如果现在您后悔，要求退赛还来得及。"热心的主持人一遍又一遍地提醒她。她长长吸了一口气，坚定地向着52米高台的边缘走去……

"孩子，你看看妈妈，已经替你站在高台上了，妈妈去替你完成心愿！孩子，你听到了吗？"那近乎悲怆又满怀热切的呼喊，是她站在高台边缘时冲着流云和风喊的，眼泪淌满了她的脸。

奇迹，也在那一刻发生。千里之外的病房里，电视机前面的病床上，那位昏睡了1000多个日夜的年轻女孩儿，她听到了妈妈的呼唤。她的眼睑微动，费了好大的力，努力去睁开眼……她的喉咙里发出"咕噜"声，两行清泪顺着她的脸颊缓缓流下。

女孩儿叫青果，是高台上那位老妈妈最心爱的女儿。三年前，青果还是命运的宠儿，18岁的花样年华，就拿到了让人无比羡慕的出国护照，成了去澳大利亚的公费留学生。可那场意外，来得太让人措手不及。就在青果出国前夕，一场车祸夺走了这个家庭所有的幸福。经过一番抢救，青果的命保住了，却意外地失去了全部的记忆。她患了癫痫性失忆症。面对与自己朝夕相处的妈妈，她一遍又一遍无助地问："你是谁？为什么会在我家里？"曾经聪明乖巧的女儿不见了，她不得不逼着自己接受这个残酷的现实。从零开始，翻找与女儿生活的点点滴滴，不断启发她，可面对她一遍又一遍耐心的提示，女儿眼里仍是一片茫然，直到那个人的出现。

那天，女儿同往常一样坐在电视机前，电视中播出的是一档挑战极限的蹦极运动，当那个年轻的小伙子从高台上大声呼喊着"妈妈，我来了"，继而像一只小鸟从高空飞下来时，沉默多日的女儿忽然兴奋起来："妈妈，我想起来了，我知道他在做什么。"也就是从那天起，她才知道，去高台上挑战自己，一直是女儿心底的愿望。

就这样，她开始关注这项运动，她买了好多关于蹦极的片子，一遍遍陪着女儿看，期待命运之神再次垂青。可她的梦很快就被现实打碎。女儿再次发病，之后不能看电视，也不能同她讲话，无论她趴在女儿的床边呼唤多少声"宝贝儿"，沉睡的女儿都不回应。可她不愿放弃，她试了所有办法，却毫无效果。

去蹦极，便成了她唤醒女儿的一个赌注。年龄太大，身体状况也不好，心脏不强健，血压也高，还有致命的恐高症，更没有时间去接受严格的赛前训练，她就那么赤手空拳地要求上阵。16封信，21通电话，她终于如愿以偿，站在了高台上。

这段比赛背后的故事让现场的观众动容，一颗颗心也紧绷起来。"只要孩子能醒，就算搭上老命，我也愿意！"主持人最后一次询问是否退赛，她已蒙上眼罩，勇敢地走向高台的边缘。

"一，二，三……"随着主持人的计数，比赛现场却出现了让所有人意外的一幕。随着那声"三"的落定，她忽然轻轻地向后倒去……竟是主持人故意将她轻轻推倒在地的。

节目的最后，主持人含着眼泪说："我们不想让这位伟大的母亲去冒险，因为我们相信，就算她没有跳下去，她的女儿，包括我们所有的人，也已感受到了那份52米高台上的母爱！"

如果你能幸福，别管我

　　我曾见过一场异常悲壮的死亡，正是那次死亡深深震撼了我，我从此发誓不再伤害哪怕再微小的生命……

　　那是在一次围猎斑羚的过程中。斑羚又名青羊，形似家养山羊，擅长跳跃，每只成年斑羚重30多千克，性情温驯，是猎人最喜欢的动物。

　　那次，我们狩猎队严密堵截，把一群60多只羚羊逼到布朗山的断命岩上，想把它们逼下岩去摔死，以免浪费子弹。

　　僵持约半小时后，一只大公斑羚突然吼叫一声，整个斑羚群迅速分成两群；老年斑羚排一群，年轻的排一群。我看得很清楚，但弄不明白它们为什么要按年龄分出两群。

　　这时，从老斑羚群里走出一只公斑羚来。这只斑羚颈上的毛长及胸部，脸上褶皱纵横，两角已残缺不全，一看就知道非常苍老。它走出队列，朝那群年轻的斑羚咩了一声，一只小斑羚应声而出。只见一老一少两只斑羚走到断命岩边，又后退了几步。突然，小斑羚朝前飞奔起来，与此同时，老斑羚也扬蹄快速助跑。小斑羚跑到悬崖边缘，纵身一跃，朝山涧对面跳去。老公斑羚紧跟其后，头一勾，也从悬崖上跳跃出去。这一老一少，跳跃的时间稍分先后，跳跃的幅度也略有差异，老公斑羚角度稍偏低些，等于是一前一后，一高一低。我吃惊地想，难道自杀也要结成对子，一对一对地去死吗？因为除非插上翅膀，这两只斑羚是绝对不可能跳到对面那座山岩上去的。

果然，小斑羚只跳到四五米左右的距离，身体就开始下坠，空中划出了一道可怕的弧线。我想，顶多再有几秒钟，它就不可避免地要坠进深渊。突然，奇迹出现了，老公斑羚凭着娴熟的跳跃技术，在小斑羚往下降落的一瞬间，身体出现在小斑羚的蹄下。老斑羚将时机把握得很准，当它的身体出现在小斑羚蹄下时，刚好处在跳跃弧线的最高点。就像两艘宇宙飞船在空中完成对接一样，小斑羚的四只蹄子在老斑羚的背上猛蹬了一下，如同借助一块跳板，它在空中二次起跳，下坠的身体奇迹般地再次升高，获得新生。

而老斑羚呢，就像燃料已输送完了的火箭残壳，自动脱离宇宙飞船。不，它甚至比火箭残壳更悲惨，在小斑羚的猛力踢蹬下，它像只被突然折断了翅膀的鸟，笔直坠落下去。可是，那小斑羚的第二次跳跃力度虽然远不如第一次，高度也只有从地面跳跃的一半，但已经足够越过剩下的两米。瞬间，只见小斑羚轻巧地落在对面山峰上，兴奋地咩叫一声，转到磐石后面不见了。

小斑羚试跳成功了！

紧接着，一对一对的斑羚凌空跃起，山涧上空划出了一道道令人眼花缭乱的弧线，一只只小斑羚飞跃悬崖，凤凰涅槃，而一只只老斑羚却舍生取义，命断空谷……

我没有想到，在面临全族灭绝的关键时刻，斑羚们竟然能想出牺牲一半挽救一半的办法来延续家族的生命。我更没有想到，老斑羚们会那么从容地面对死亡，即使自己摔得粉身碎骨也心甘情愿，因为它们用生命为下一代开辟了生存的道路。

有些情只一段，但可以让人活一辈子

Some feelings only last for a period of time, but can make people live a lifetime.

她是个坏女人。这几乎是所有认识她的人都认同的事实。坏到什么程度呢？她16岁就早孕，然后被学校开除。因为有几分姿色，她后来嫁给了一名司机。司机也老实，她便欺负他，后来她和别人私通。

遇到他的时候，她已徐娘半老。不，这还不算完。她命硬，已经克死了两任丈夫，并且都给他们戴过绿帽子。而他则是一个未婚男人，因为家里穷苦耽搁了，等到兄弟姐妹都成了家，他已经35岁了。

她长他5岁，媒人来说媒时，提起她的过去，说："只要你不介意，我可以给你说说。"

他说："我不介意。"他有什么？一个修自行车的店铺而已，人又生得难看。她的风流是出了名的，而他的木讷也是出了名的，谁也不会相信他会娶她，谁也不会相信她会嫁给他，但那年的腊月，鞭炮响了，他们结婚了。

她带着自己的两个孩子，一男孩儿一女孩儿。他笑呵呵地说："看我多幸福，还没怎么着就一儿一女了。"他并不介意别人的眼光。

她仍旧是懒、馋，爱打麻将，跑到左邻右舍说是非，和男人眉来眼去，这毛病不是一天两天了，虽然她老了，没人要了，可她还是去招惹男人。

有人去告诉他，他皱着眉头说她："你要是没事就在家里待着呗。"他没有恼，她先恼了："你让我待在家里，还不闷死我？去串个门儿怎么了？"他没有再说下去，还是去剥瓜子，这是他最爱做的事——给她剥瓜子。

她最爱的零食是瓜子，一边吃着瓜子一边骂："以后你少管我，窝囊废！"

她爱骂人，他嘿嘿地笑着听，并不还口，直到儿女都听不下去了，嫌她骂得难听。她说："老娘混到这一步，还不是因为你们两个兔崽子，如果不是你们，我不会嫁给个修车夫！"

但他还是那样疼她，即使进了门没吃没喝，他也不嫌，家里有个女人总是好的。他做饭，拣她爱吃的做；做熟了，一遍遍到邻居家去喊她吃饭。她总嫌他烦："催死人了。还差两圈！"两圈打完了，菜凉了，他端下去热，一边热一边说："别老去打牌了，打一小会儿就得了呗，时间长了对身体不好，你看你的胃，又疼了吧？"

她胃疼的时候，他灌个热水袋放在她肚子上，左手拉着她的右手。有个女人真好，这身子是温热的，虽然不知道疼他，可到底是有女人了。

她也有对他好的时候，骂他贱骨头，八辈子没见过女人。他就嘻嘻笑着："我就是没见过女人，没见过这么俊的女人。"

这时候，女人就笑了，她去照镜子，果然照着一张桃花脸，但却是老桃花脸了。她已经40岁了，真的老了，年轻的时候打情骂俏，没干什么正经事，到如今找了个知冷知热的人，值了。

前两个男人，为了她的轻浮，打她骂她，她没有改过来，结果第一个喝多撞死了，第二个去游泳掉到河里淹死了。因为长期打打闹闹，他们死时，她只觉得少了个给她挣钱的，甚至没哭没闹。人们都说她心硬，说最毒不过妇人心，她嗑着瓜子说："哼，谁让我长得美。"

如今美人迟暮了，但她依旧是美。坐在巷子口跟人打牌聊天，大雨天，他推着自己的车子跑回家，有人说："你男人回来了，快去烧壶热水给他暖暖身子。"她却嗑着瓜子说："打完了这圈再说。"

连一双儿女都觉得她有些可恨了，可男人说："让你妈玩吧，她是心里郁闷。"她听了，侧过脸去，眼睛有些湿润，知道这男人是真心疼她了。

不久，男人觉得心口疼，一直疼到上气不接下气。去医院查，心脏坏了，要做搭桥手术。她听了，泼妇似的坐在地上骂："挨千刀的啊，你怎么得这个病，这不是要我死吗？我的命怎么这么苦这么硬啊？"到现在，她想的还是她自己。

钱是不够的。她趁男人不在家，把修车铺卖了，三万多块，还是不够。她去找亲戚借，因为名声坏了，没人借给她，怕她说谎话。她一狠心，重拾年轻时学的本事——唱大鼓。

她怕人知道，于是买了火车票远走，一个城市接一个城市地唱。如果你在街头看到一个唱大鼓的女人，那就是她了。她不年轻了，45岁了，浓妆艳抹，穿着廉价旗袍，一句一句地唱着《黛玉思春》《宝黛初会》，很艳情的大鼓，一块钱一块钱地挣。

长到45岁，这是她第一次为一个男人挣钱，不，这不是挣钱，这是挣命呢！

一年之后，她攒够了做手术的钱。等她回来时，所有人都发现她黑了瘦了，很多人都以为她跟别的男人跑了。这样的女人，看着自己的男人不行了就跟别人跑呗，很正常。

很多人都这样看她，只有他不这样看她，他说："她会回来的。"

她真的回来了，带着好多钱，跑到他跟前说："做手术的钱咱有了，不是我和男人睡来的，是我给你挣来的。"

这次哭的是他。他哽咽着，抚摸着她有了白发的头，说："疯丫头，怎么学会疼人了？" 他一直把她当孩子，一个爱玩爱闹的孩子，甚至她的轻薄他也不嫌弃，他相信自己会感动她的，会让她爱上的。手术做得不成功，半年之后，他去了。临走之前，他拉着她的手说："下辈子，我还娶你，即使你看不上我，可谁让我喜欢你呢？所以，我到前面等着你去了。"

　　她扑到他身上大哭："死鬼啊死鬼，你真忍心啊……"声音如杜鹃啼血，在场的所有人都为之动容，但他到底是去了。

　　都以为她还会再嫁，都以为她还会再说再笑再招摇着打牌去，但所有的人都想错了。从此，她清心寡欲，吃斋念佛，不再东家串西家串，把从前的修车铺又开了张，自己做生意，供两个孩子上学。

　　她的心里，从此就只有这个男人，他给了她一段情，一段人世间最美好的爱情。

十二月

December

一切去世的人都曾经是某人的子女、某人的夫妻、某人的亲戚、某人的伴侣、某人的至交、某人的学生……在这很短的一生当中，他们笑过、哭过、欢喜过、忧愁过，他们来了，他们又走了。在这时候，我们应该记住，他们带给我们的欢乐，但是，又不要过分执着；我们忘记他们偶尔犯下的过失，但是又从里面得到一点儿启示；如此，他们的人生，就没有白过。然后，我们要知道，过不了多久，我们也将如此。愿一切众生皆得解脱。

——梁文道

一转身，看见少年

Turned around and saw the boy.

从前，有一位少年和少女。

少年18岁，少女16岁，少年并不怎么英俊，少女也不怎么漂亮，是任何地方都有的孤独而平凡的少年和少女。

不过，他们都相信，在世界上的某个地方，一定有一位百分之百跟自己相匹配的少女和少年。

有一天，两个人在街角偶然遇见了。

少年对少女说："好奇怪呀！我一直都在找你，也许你不会相信，不过你对我来说，正是百分之百的女孩子呢！"

少女对少年说："你对我来说也正是百分之百的男孩子！一切的一切都跟我想象得一模一样，简直像在做梦嘛！"

两个人在公园的长椅上坐下，好像有永远谈不完的话，一直谈下去，两个人再也不孤独了。

追求百分之百的对象，被百分之百的对象追求，是一件多么美妙的事情！

可是两个人心里，却闪现出一点点疑虑，就那么一点点：梦想就这么简单地实现，是不是一件好事呢？

谈话中断的时候，少年说道："让我们再试一次看看！如果我们两个真是百分之百的情侣，将来一定还会在某个地方再相遇。下次见面时，如果互相还觉得对方是百分之百的话，我们马上就结婚，你看怎么样？"

少女说："好啊！"

于是两个人分手了。

其实说真的，没有任何需要考验的地方，因为他们是名副其实的百分之百的情侣，而且命运的波涛注定要捉弄有情人。

有一年冬天，两个人都得了恶性流行性感冒，好几个星期都一直在生死边缘挣扎，结果往日的记忆完全丧失，等他们醒过来的时候，脑子里已没有了过往的痕迹。

不过，因为两个人都是聪明有耐心的少年和少女，因此努力再努力，总算又获得了新的知识和感情，并且顺利地回归社会。

他们能很好地搭地铁换车，也能到邮局去发快递，并且经历了百分之八十五的恋爱。

就这样少年长到32岁，少女也30岁了，时光以惊人的速度流逝。

在一个4月的晴朗早晨，少年为了喝一杯Morning Service的咖啡，经过一条巷子，由东向西走去。

少女在巷子正中与他相遇，失去记忆的微弱之光，瞬间在两人心中一闪……

"她对我来说，正是百分之百的女孩儿呀！"

"他对我而言，真是百分之百的男孩儿呀！"

可是他们的记忆之光实在太微弱了，他们的声音也不再像14年前那么清澈了。

两个人一言不发地擦肩而过，就这样消失在人群中。

你不觉得悲哀吗?

其实幸福就是这么简单，简单到我们都不相信，就让它轻易地溜走了……

十二月　／ December ／　There is always a cry that can let us grow up in a moment

带一片风景走

Leaving me with a piece of scenery.

他是台湾环保局焚化炉的一名普通工人，20多年前，热爱旅游的他利用假期徒步走完了台湾。他的妻子在跟他认识前，就看过关于他徒步旅行的报道。

结婚前，他与她曾约定说要带她环岛旅行，但忙碌的生活一直让这个计划无限期拖延。对此，她从未有过怨言。生下一男一女后，生活的压力陡增，他不得不放弃旅行的梦想，把全部的时间都用在工作上。他以为等赚了足够的钱，就可以带着她完成环岛旅行的梦想。没想到，结婚10年，生活慢慢好起来时，她却病倒了。

不知何时，她走路时总会突然跌倒，一开始以为是贫血，不料病情越来越恶化，加上她的父亲和兄弟都有相同的症状，他这才意识到她是患了家族遗传病——小脑萎缩症。

看着躺在病床上日益衰弱的妻子，他突然想起自己曾对妻子的承诺，要带她环岛的梦想。

2007年6月17日，他用轮椅推着病重的妻子开始徒步环岛，因为还要工作，他必须先做九天的工，然后连续休息三天。在这三天里，他一步步推着妻子前行。三天后他在停留的地方做上标记，然后坐车回去继续工作。工作一结束，他又带着妻子来到之前停留的地方继续徒步向前。每到一个景点，他们就会停下来看看风景。一路上，他为妻子拍了很多的照片，每一步都留有他们共同的回忆。天晴时，他会给妻子戴上帽子遮阳；下雨了，他就在轮椅旁装上一把伞替她挡雨。就这样，从月朗星稀走到晨光熹微，从大雨倾盆走到阳光普照，他们听潮看夕阳，他几乎忘记了疲劳，而她的疼痛也仿佛消失了一般。

旅行无疑是艰辛的，但也是幸福的。有人看他累，就想要用车载他们一程，但他总是微笑着表示感谢，然后婉言拒绝，他说，我不累，我要用自己的手推着她，一步步走完这旅程。有时，怕她坐得太久，他就背着她。实在累了，他就顺便找个地方休息，然后帮她按摩。2008年5月23日，他们终于实现了环岛的壮举。这一路的花草树木，每天的日落日升，见证了他们一步步的爱情奇迹。

回家后，经过调养，她的病情稳定了许多，他觉得这是一路祈祷上天给予的恩赐。2009年9月20日，她不堪病魔的纠缠离他而去。去世之前，她曾流着泪对他说，谢谢你陪我走完最后的旅程。按照她生前的遗嘱，没举办告别仪式，骨灰也被撒向了大海。他说，虽然很遗憾不能白头偕老，但能陪她看最美的风景，也是一种最美好的告别式。

他叫黄智勇，他的妻子叫蔡秀明，这对平凡的夫妻用百万步的爱丈量出最不平凡的真情。2010年，以他们为原型，由黄品源担当男主角的电影开拍了。2011年6月17日，也就是4年前黄智勇推着妻子蔡秀明开始环岛的那个日子，一部记录这份真爱的电影《带一片风景走》上映。

这一段用生命写就的故事，用百万步累积的爱的旅程，在一起听潮起潮落，在一起闻大自然芬芳，在一起尝尽酸甜苦辣，在一起走过的每一步，永远是他们心中最美的风景。

途经你的盛放

Via Your Blossom.

　　"19床"病人住进产房的时候，妇产科特别召开了一次全体会议。原来这是医院配合医科大学传染病系的一个研究项目——艾滋病母亲分娩无感染婴儿。

　　艾滋病人入住产房的消息顿时让妇产科炸开了锅。开会时当着院长的面没人吭声，等会议一结束，全体护士齐声抗议："万一感染了谁负责？"连一些医生也嘟嘟囔囔："要是污染了手术器械、床铺，造成其他病人的感染怎么办？"嚷归嚷，最后病人还是住进了产科病房，编号都是院长亲自来挑的，特护病房，19床，说是图个吉利。

　　护士长分派值班表，给这床分派人的时候，谁都不愿意去。最后，刚从护校毕业三个月的我，战战兢兢地走进了"19床"的病房，戴口罩帽子穿长袖不说，我还特意挑了一双最厚的乳胶手套。"19床"靠在床背上，腆着临产的肚子，微笑着看我进来。我以为得这种病的女人，应该多少有点儿与众不同，一打量，发现她很普通，头发短短的，宽松的裙子，平底黑襻扣布鞋，脸颊上布满蝴蝶斑，一个标准的临产孕妇。

"你好。"她彬彬有礼。我心跳如雷，僵硬地笑了笑。

第一天护理就要抽血，而血液是艾滋病的传播途径之一，想想都叫我头皮发麻。大概我是太紧张了，一针下去没扎进静脉，反而把血管刺穿了。

我看到她眉毛都挑起来。我手忙脚乱地拿玻璃管吸血，又找棉球，小心翼翼地不让血液沾染到自己身体的任何一部分。

清理完毕，看看她的脸色，居然风平浪静。

"谢谢你。"声音温和而恬静，标准的普通话显示出她良好的修养。

回到办公室，我忍不住说："哎，这个"19床"，怎么看也不像得那种病的人呀？"

正在值班的李大夫抬头反问我："那你认为得这种病的人应该什么样？"

一句话把我噎住了。李大夫把"19床"的病历递给我："看看吧。"

翻开病历一看，"19床"的运气真不好，本来是一所大学的老师，年轻有为，30岁就提了副教授，前途一片光明。但在去外地出差的路上遇到车祸，紧急输血时感染了HIV（人类免疫缺陷病毒）。谁都没想到那次输血会被艾滋病毒感染，直到她怀孕做围产期保健检查时才被发现。

从被感染的那一刻起，她的生命已被改写。可怜那个未出世的孩子，据说母亲感染艾滋病后生产的婴儿，感染艾滋病的概率为20%~40%，而且生产中的并发症和可能的感染对于免疫系统被破坏的母亲来说，常常是致命的。

现在她一边待产，一边起诉那家医院和当地的血站。估计能得到赔偿，可是有什么用呢？

"19床"的丈夫来的时候，妇产科又是一阵轰动。一个艾滋病人的丈夫会是什么样子呢？

我怀着好奇心，假装查房，走了进去。

"19床"坐在床上，把腿搁在丈夫的腿上，慢慢地梳头发，从头顶到发梢；丈夫帮妻子轻轻揉着因怀孕而肿胀的双脚。对妻子的怜爱从他的双手不可遏制地溢了出来。阳光从窗外照进来，斑斑驳驳地定格在丈夫的手上和妻子的脚上。这时，他们更像一对幸福的准父母。

"你觉得孩子会像谁多点儿？"

我整理着床铺，听着这一对夫妻细语呢喃，心里不断泛酸，这原本是一个多么幸福的家庭啊！

"我！"妻子娇憨地撒娇，"皮肤不能像你吧？"

丈夫呵呵地笑："看你的小脸都成花斑豹了。"

在眼泪流出来之前，我走出病房。

"19床"每天必须服用多种药物，控制HIV病毒的数量，几乎每天都要抽血、输液。

两条白皙丰满的手臂，从手背到胳膊，针眼儿密布。我手生，加上害怕，常常一针扎不进，她却没发过一次脾气，只是很安静地看着我笑。

护理一个多星期，我渐渐喜欢上她。虽然"武装装备"还是必要的，但是给她扎针我非常认真，给药时也要重复几遍。有时候，我还会为她买几朵新鲜的向日葵，插在花瓶里放在她的床前。

她的胎位一切正常，但胎儿过大，双顶径接近生产极限——10厘米。

不过为了避免生产过程中的感染，医生早就商定了剖宫分娩，连手术计划都拟好了，就等着产期的到来。

虽然离预产期还有一个多星期，但是她31岁初产，又身患艾滋病，所以病房上下都高度戒备，随时准备进入"战斗"状态。

"19床"很安静，每天看书听音乐，还给未来的孩子写信，画一些素描，枕头下已攒了厚厚一沓。

我问她为何坚持要这个孩子，她的生育年龄偏大，又带病在身。

她并不在意我唐突，笑了笑道："孩子已经来了呀，我不能剥夺他的生命。"

我犹豫了一下，还是说了出来："万一被感染了怎么办？"

她抚摩着向日葵，半天才说："如果不试一试，孩子连一点儿存活的机会都没了。"

我的心情颇为沉重，病房里出现死一般的寂静。

我正要离开，她轻声叫住我："我想拜托你一件事，万一生产时出了什么事，我先生一定会说保大人，可是我的情况你也知道，所以无论如何，孩子是第一位的。"

我的眼泪不可抑制地流了出来，这就是母爱的无私啊。

要来的躲不过。那天夜里我值班，"19床"的手术安排在第二天上午，可是凌晨，办公室的紧急信号灯忽然闪烁起来，并响起刺耳的警铃声。我猛然坐起来，一看牌号："19床"，我一边招呼值班医生，一边飞速地奔向"19床"的病房。

惨白的日光灯下，"19床"的面色也是惨白惨白的。打开被子一看，羊水已经破了，更要命的是，羊水是红色的。也就是说，子宫内膜非正常脱落，子宫内出血了。

"19床"的脸上第一次出现了慌乱的神色。出血就意味着孩子遭受感染的风险成倍增加，原本胎盘可以屏蔽过滤艾滋病毒，但是生产中的出血以及分泌物通常会使得婴儿也感染HIV。她疼得额头上全是汗水，仍咬牙强忍着配合术前准备工作。夜间担架一时没来，她二话不说下了床迈开步子就走。我搀扶着她，看着混着血污的羊水沿着她孕妇裙下肿胀的双腿流下来。

她不管不顾，反而越走越快，仿佛她走快一秒，孩子不被感染的可能性就大一分。当她躺在手术台上时，羊水已呈污浊色，这意味着胎儿处于危险的缺氧状态。麻醉师给她打了硬膜外麻醉，我开始拿探针测试她的清醒程度。真要命，三分钟过去了，她依然清醒地睁着眼睛，说："很疼。"

麻醉师汗如雨下，这种对麻醉药没有反应的体质他还是头一次碰到，但是胎儿的状况已经绝对不允许再加大麻醉剂量了。

她死死握住我的手，眼睛哀求地望着医生们，声音轻微而坚决："救我孩子！快救我孩子！别管我！"

主刀的李医生闭了闭眼睛，似乎不忍心下手……"19床"的脸因疼痛而变形，我不忍目睹，眼泪成串地往下掉。那是怎样的一种疼痛！那是怎样的一种母爱！

终于，胎儿被取出来，脐带绕着颈部，因为缺氧，小脸已经青紫。

几分钟后，"19床"大汗淋漓的身体开始松弛，而这时，在李医生有节奏的拍动下，婴儿吐出了口中的污物，终于发出了第一声微弱但清晰的啼哭。

即将昏睡过去的母亲似乎听到了声音，努力地睁开眼睛朝孩子瞥了一眼，眼皮就沉甸甸地合上了。我怎么也没想到，那一眼是"19床"第一次也是最后一次看到自己的孩子，那双恬静爱笑的眼睛合上之后，就再也没有睁开过。三天后，她因为手术并发败血症，抗生素治疗无效，结果深度感染，永远离开了人间。

庆幸的是，孩子HIV抗体测试为阴性。

我们的医疗个案多了一个成功例子，听说市里的报社和电视台都要来采访这个艾滋母亲成功分娩的健康婴儿。

我在清扫那间病房时，从她的枕头底下，发现了她留给孩子的信，有字，还有图。最上面一页画着一个大大的太阳，太阳下一双小小的手。她给孩子写道："宝宝，生命就是太阳，今天落下去，明天还会升起来。只是每天的太阳都会不同。"下面签着一个漂亮娟秀的名字：婉婷。

我有些后悔，这些日子来一直叫她"19床"。孩子出院的时候，我把信交给那位父亲，他的眼睛红肿得厉害。孩子也在哇哇大哭，好像也知道妈妈走了。我把那张画着美丽太阳的图画在他眼前晃动着，他立即不哭了，兴奋地伸出手挥舞，要抓住这封妈妈留给他的信。

诠释爱的26个字母

Interpretation of the 26 Letters of Love

A – Accept（接受）

世界上没有十全十美的人，这句话千真万确。

两个人并非硬搭在一起的积木，而是需要互相迁就、惦记。

你爱他（她），就接受他（她）的一切，包括他（她）的
缺点。

B – Believe（相信）

彼此不信任，经常以怀疑的语气质问对方。

这种互相猜测的爱情，只能导致分手。

而缺乏安全感的你，究竟是不信任对方还是不信任自己呢？

C – Care（关心）

关心的程度表明你对对方的重视程度。

打个电话，问候一句。

这些关心未必有实际用途，但肯定会让对方暖在心头。

D – Devoted （全心全意）

爱一个人当然要全心全意。

脚踏数只船，搞不好就会掉进水里。

浪费自己的时间，也浪费他人的时间。

E – Enjoy（享受）

你应欣赏对方的一切，不要只埋怨，鸡蛋里挑骨头。

享受这段爱情带给你的开心、幸福、感动。

这样，你便会爱得更轻松。

F – Freedom（自由）

虽然两个人在一起，但也要给予对方应有的自由及保守秘密的权利。

你的另一半不是你的奴隶，也不是你的宠物。

更广阔的空间，能让彼此更舒服地相处。

G – Give（付出）

爱情这东西不一定是你付出这么多，便会收回那么多。

但不付出的话，一定就没有收获。

爱人如同爱己，毫无保留的付出才算得上是真爱。

H – Heart, Honesty（心，诚实）

爱情最可贵的品质是真挚。

莎士比亚说：爱情里面要是掺杂了和它本身无关的算计，那就不是真的爱情。

因此，要以诚相待，以心换心。

I – Independence（独立）

甜言蜜语的人会说：我是为你而生的。

其实，每个人都有自己的生存空间。

不应过分依赖对方，否则很可能会成为对方的沉重负担。

J – Jealousy（妒忌）

适当的吃醋能表示你在乎对方。

假如毫不讲理地大发雷霆，必然会惹人反感。

凡事都有度，别因为捕风捉影的事情损减修养。

K – Kiss（吻）

和情人深深一吻来代替讲话好吗。

一吻胜过千言万语，也代表亲密、温存、疼惜。

请不要吝啬你的红唇，用它来化解误会、沮丧和争吵吧！

L – Love（爱）

都说是爱情，没有爱又怎会有情呢？

爱跟喜欢不同，爱一个人，你必定愿意为他（她）做任何事，这是最高境界。

不妨常常对他（她）说一句"我爱你"，肯定比任何礼物都让他（她）甜蜜开心。

M – Mature（成熟）

为什么大多数人的初恋总会无声无息地结束？

因为年轻人都爱得较为幼稚，总没头没脑、没轻没重。

人沉稳一点儿，爱情亦会早熟一点儿，期待它开花结果的日子，自然不会远。

N – Natural（自然）

很多人刚开始恋爱的时候都会把一切缺点收起来，变成另一个人。

日子久了，缺点就一箩筐一箩筐地出现，令对方吃不消。

其实，不做作不矫饰，平实自然的爱情才会细水长流。

O – Observe（观察）

细心观察对方的喜好，不但能更了解对方，而且更能给他（她）一些惊喜。

比如对方看杂志时无意中赞赏某明星的手表漂亮，你便可留待他（她）生日的时候送上。

那份心意一定比礼物来得更加珍贵。

P – Protect（保护）

做男朋友的当然要保护女朋友，但做女朋友的也要捍卫对方的尊严。

有话尽量在私下说，不要当众吵闹，或者出言不逊。

维护对方，也是在一定程度上维护自己。

感情中的彼此是荣辱与共的。

Q – Quarter（宽恕）

爱得愈深，苛求得愈切，所以爱人之间不可能没有意气的争执。

但对于彼此的错误，都要尽量以宽大的态度原谅。

一辈子很短，不如将错就错。

R – Receive（接收）

对于爱侣为你做的一切，请不要表现得无动于衷，令他（她）气馁。

他（她）的付出，都应该以欣赏的态度去体会，这才能令感情更进一步。

S – Share（分享）

若你爱他（她），就要分享他（她）的喜、怒、哀、乐。

不要只顾着自己，这是作为一个伴侣最起码的责任。

T – Try（尝试）

两个人在一起久了，可能会觉得对方很沉闷，这很正常。

但这不过是迈向成功爱情的一个阶段，而且是重要的一个阶段，过了这个阶段，你前面就是一条又平又直的大路。

尝试用不同的方式去沟通沟通吧。

至于是什么方式，你自己想想啦……

U – Understand（明白）

对于你的另一半，首先请你了解他（她）的为人，明白自己为什么要跟他（她）在一起。

了解自我的需求、对方的需求，都是彼此和谐的关键。

而且，偶尔猜猜对方没说出来的小心思，也会充满小小的情趣。

V – Vow（誓言）

人人都可以发誓。

我发誓，我会爱你一生一世，否则……

否则有什么用？

誓言固然能令对方觉得你好爱他（她），但也不能随意说出口。

不然，彼此只会越来越不相信对方。

W – Willingness（愿意）

有时候你的另一半可能会提出要求，这些要求不一定是合理的，就算是合理的也好，假如你不愿意的话，就请你说"不"！

如果他（她）真的喜欢你，会顾虑你的感受。

别为了迁就对方而委屈自己。

X – Expression（表达）

两个人相处，有什么想说的，关于他（她）的，关于你的，关于其他的，都要及时表达出意见或者看法。

只有沟通才能有助于了解彼此。

表达的方式、说话的艺术、节奏的控制，也非常重要哦。

Y – Yield（退让）

两个人在一起，难免有争执。

忍一时，风平浪静；退一步，海阔天空。

不要跟你的伴侣计较这么多吧！

还有，不要没想清楚就跟对方说："分手吧！"

尝试坐下来谈一谈，也许就能想出解决的方法。

Z – Zest（热情）

有时候对你的另一半热情些，有助于增进你们之间的感情。

尤其要在他（她）低迷的状态下多鼓励，逗他（她）开心。

体贴的爱可以帮助人渡过难关！

图书在版编目（CIP）数据

总有一次流泪让我们瞬间长大：治愈亿万心灵的暖
心之作/辰雪枫编著. — 长沙：湖南文艺出版社，
2013.4
ISBN 978-7-5404-6132-4

Ⅰ. ①总⋯ Ⅱ. ①辰⋯ Ⅲ. ①人生哲学—通俗读物
Ⅳ. ①B821-49

中国版本图书馆CIP数据核字（2013）第057621号

上架建议：畅销·励志

总有一次流泪让我们瞬间长大：治愈亿万心灵的暖心之作

编　　著：辰雪枫
出 版 人：刘清华
责任编辑：薛　健　刘诗哲
特约监制：陈　江　毛闽峰
策划编辑：池　苑
特约编辑：陈春红　杨　旸
封面绘制：熊　琼
装帧设计：熊琼工作室
出版发行：湖南文艺出版社
　　　　　（长沙市雨花区东二环一段508号　邮编：410014）
网　　址：www.hnwy.net
印　　刷：三河市鑫金马印装有限公司
经　　销：新华书店
开　　本：880mm×1270mm　1/32
字　　数：221千字
印　　张：9.5
版　　次：2013年4月第1版
印　　次：2020年1月第12次印刷
书　　号：ISBN 978-7-5404-6132-4
定　　价：28.00元

若有质量问题，请致电质量监督电话：010-59096394
团购电话：010-59320018

There is always a cry that
can let us grow up in a moment

辰雪枫

我偏爱文学和电影。
我偏爱猫。
我偏爱华尔塔河沿岸的橡树。
我偏爱狄更斯胜过陀思妥耶夫斯基。
我偏爱绿色。
我偏爱不抱持把一切都归咎于理性的想法。
我偏爱例外。
我偏爱书桌的抽屉。
我偏爱有些保留。
我偏爱，就爱情而言，可以天天庆祝的不特定纪念日。
我偏爱格林童话胜过报纸头版。
我偏爱不开花的叶子胜过不长叶子的花。
我偏爱牢记此一可能——
存在的理由不假外求。

博集天卷
CS-BOOKY

出版人 / 刘清华

责任编辑 / 薛健 刘诗哲

特约监制 / 陈江 毛闽峰

策划编辑 / 池苑

特约编辑 / 陈春红 杨旸

封面绘制 / 熊琼

装帧设计 / MissSolo
— DESIGN —
1097031790@qq.com

治愈亿万心灵的暖心之作
上架建议：畅销·励志

ISBN 978-7-5404-6132-4

9 787540 461324 >

定价：28.00元